마이크로
키메리즘

내 안에서 나를 만드는 타인의 DNA

마이크로 키메리즘

독특하고 고유한 '나'라는 상식을 깨부순
최신 생물학의 혁명적 개념으로의 여행

리즈 바르네우 지음 | **유상희** 옮김
신의철(카이스트 의과학대학원 교수) 감수

플루토

이 책에 쏟아진 찬사들

과학에는 받아들이기가 유난히 어려운 종류의 진보가 있다. 특히 그것이 기존의 원칙에 도전하고 상식에 반할 때 그렇다. 그러나 일단 받아들여지면 전체 연구가 혜택을 받고 이전에는 불가능하다고 여겨졌던 가설들이 쏟아져 나온다. 과학 저널리스트 리즈 바르네우는 《마이크로키메리즘》에서 바로 그것을 이야기한다.

이 책은 '나의 세포가 가지고 있는 DNA는 완전히 순수하고 고유하다'라는 원칙과 상식을 거부한다. 고유하기는커녕 우리는 우리 몸 안에 다른 사람들의 세포를 가지고 있으며, 이것이 바로 '마이크로키메라'다.

대표적인 세포 교환은 임신 중에 일어난다. 외부 세포들은 임신 중 태반을 통해 양방향으로 교환된다. 어머니는 태아에게, 태아는 어머니에게 세포를 전달하며, 이 세포들은 서로의 조직을 복구하고 보호하는 역할을 한다. 심지어 대를 거듭하며 어머니와 할머니와 증조할머니로, 딸과 손녀와 증손녀에게로 수평 · 수직적으로 영향을 미친다.

첫 번째 키메라 사례가 알려졌을 때는 혼란이나 질병을 일으키는 침입으로 여겨졌으나 수십 년의 연구 끝에 마이크로키메라가 조직 복구를 돕는 등 긍정적인 영향을 미칠 수 있다는 것이 드러나고 있다. 이제 이 연구는 자금을 지원받기 시작했고, 치료적 응용의 가능성이 점점 현실화되고 있다.

• 《르피가로》

수조 개의 우리 몸속 세포 모두가 우리 본래의 핵에서 온 것은 아니다. 일부는 우리 조상들, 심지어 우리 아이들로부터 온 DNA를 숨기고 있다. 과학 저널리스트 리즈 바르네우는 《마이크로키메리즘》에서 마이크로키메리즘이 어떻게 개인의 경계를 흐리게 하는지 설명한다.

우리 몸의 경계는 더 이상 명확하지 않다. 세포들은 여러 개체 사이에서 연속성을 만들고, 우리에게 확장된 자아를 제공한다. 세포 수준에서, 우리는 자율적이고 독립적인 개체가 아니다. 우리는 다중적이며, 협력적이며, 복합체로 존재한다. 생태학자들은 오랫동안 알고 있었다. 풍부한 종의 다양성을 가진 생태계는 생명의 시련을 견딜 수 있다. 마이크로키메라인 우리 몸은 하나의 유전체로 구성된 생태계보다 더 효율적이고 더 탄력적이다.

• 《르몽드》

세상을 보는 우리의 시각을 뒤흔드는 책들이 있다. 리즈 바르네우의 《마이크로키메리즘》이 그런 책이다. 지은이는 우리 몸에 관해 완전히 재고하게 만드는 과학적이면서 극단적인 이야기를 우리에게 전한다. 미국인 캐런 키건의 사례처럼 말이다. 이식 수술을 준비하던 그는 자신과 아들들이 친자 관계가 아니라는 사실을 알게 되었다. 리디아 페어차일드와 같은 다른 사례도 마찬가지다. 그는 자신이 아이들의 친모가 아니라는 DNA 검사 결과 때문에 아이들을 뺏길 뻔했다. 이러한 혼란스러운 현상은 모두 마이크로키메리즘으로 설명된다.

《마이크로키메리즘》은 우리에게 익숙하지 않은 개념인 마이크로키메리즘의 다양한 측면을 탐구하고, 우리의 유전적 정체성에 관한 새로운 시각을 제시한다. 이 책은 생물학적 경계와 자아 개념에 관해 새롭고도 깊은 고찰을 유도한다.

• 《리베라시옹》

우리는 모두 키메라다! 우리의 장기와 피부에는 세균 등 다른 미생물 종들이 서식한다. 이 미생물들이 우리 건강에 중요한 역할을 한다는 것을 많은 연구가 밝혔다. 그런데 여기에 또 다른 놀라운 현상이 더해진다. 마이크로키메리즘. 리즈 바르네우는 '여행자 세포들', 즉 다른 인간에게서 유래한 우리 안의 세포들에 대해 이야기한다. 이 세포들은 어머니가 우리를 임신했을 때 우리에게서 어머니로, 또는 반대로, 형제자매들 사이에서, 또는 장기 이식을 통해 우리 몸에 들어왔다.

지은이는 마이크로키메라 세포들이 우리 몸 안에서 하는 역할에 대한 흥미로운 생물학적 탐험으로 우리를 이끈다. 《마이크로키메리즘》은 마이크로키메리즘이 단순히 과학적 호기심을 넘어서서 우리의 면역 체계에 대한 확신을 뒤흔들 수 있다는 것을 보여준다.

• 《라르세르슈》

흥미롭다. 《마이크로키메리즘》은 페이지마다 독자를 사로잡는다. 아주 접근하기 쉽게 말이다. 과학 저널리스트 리즈 바르네우는 우리가 예상하지 못한 곳에 있는 세포들에 대해 이야기한다. 어머니, 자녀, 쌍둥이, 장기 기증자, 심지어 성적 파트너의 세포들이 우리 몸 안에서 발견될 수 있다. 마이크로키메리즘은 유전학과 면역 체계에 관한 오래된 확신을 뒤흔든다. 태아 세포는 어머니와 태아 사이의 세포 교환 과정에서 관찰되며, 임신은 물론 출산 후에도 활동한다.

지은이는 이 책을 통해 여러 과학적 관찰 결과를 탐구하고, 우리에게 새로운 시각을 제공한다. 마이크로키메라 세포는 자가면역질환, 조직 복구, 장기 이식, 태내 발달 등 여러 면에서 중요한 역할을 할 수 있다. "우리는 다른 사람과 함께 만들어진다." 이 이야기의 윤리적 교훈이자 유전학적 교훈이다.

• 《제네티크》

감수자의 글

2024년 5월 플루토 출판사로부터 《마이크로키메리즘 - 내 안에서 나를 만드는 타인의 DNA》 감수를 부탁받고 번역본 초고를 훑어보았습니다. 무엇보다도 '마이크로키메리즘'이라는 색다른 주제가 눈길을 끌었고, 책 내용에 대한 저 자신의 궁금증 때문에 감수를 수락하였습니다. 6월의 휴가 동안 감수하기 위해 번역본 초고를 읽으면서 저의 궁금증은 감탄을 동반한 지적 만족감으로 바뀌어갔습니다. 더 나아가 면역학자로서 저도 마이크로키메리즘을 연구하고 싶다는 유혹까지 느꼈습니다.

이 책의 주제인 마이크로키메리즘은 의학자이자 면역학자인 저로서는 처음 듣는 단어는 아니었습니다. 하지만 마이크로키메리즘을 발견하고 그 생리적·병리적 의미를 탐구한 과학의 역사는 그리 자세히 알지 못했습니다. 마이크로키메리즘이라는 현상이 제기하는 '나'라는 존재의 정체성에 관한 혼돈과 함께, 그에 따라오는 면역학 패러다임의 변화에 대한 담론은 면역학자인 저의 시각에서도 너무나 새로운 이야기였습니다. 게다가 마이크로키메리즘이라는 현상의 은유적 의미에 이르러서는 과학과 신화의 경계가 허물어지는 듯하다고 느꼈습니다.

이 책은 잘 쓰인 교양 과학 도서입니다. 여타 훌륭한 교양 과학 도서들이 그렇듯이 지은이는 하나의 과학 주제를 선택하고 그와 관련한 발견의 역사 및 과학적 의미를 탁월하게 취재하여 이야기를 잘 풀어내었습니다. 이 책이 다른 교양 과학 도서들과 비교하여 특출난 점은 작가의 훌륭한 능력에 더해 '마이크로키메리즘'이라는 대중적으로 잘 알려지지 않은 매우 기묘한 생물학적 현상을 주제로 삼았다는 점일 것입니다. 더욱이 '마이크로키메리즘' 현상이 이제 과학자들 사이에서는 의심의 여지가 없는 사실로 받아들여지고 있지만 그 생리적·병리적 의의는 아직 확실히 밝혀지지 않은 현재진행형 과학이기 때문에 다른 교양 과학 도서에서는 볼 수 없는 특권을 누리고 있다고 할 수 있습니다. 마이크로키메리즘과 관련하여 아직 증명되지 않은 연구자들의 가설이나 지은이의 상상력이 논리의 기둥 위에 펼쳐지기 때문입니다. 특히 이러한 점은 마이크로키메리즘의 진화적 의의에 관한 서술에서 더욱 두드러집니다.

'나'라는 정체성에 대한 생물학적 혼란은 이미 마이크로바이옴microbiome 연구를 통해 시작되었습니다. 나의 인간 세포보다 더 많은 수의 미생물이 내 몸에 공존하고 있다면, 게다가 그 미생물들이 나의 생리적·병리적 현상에 영향을 미칠 수 있다면 '나'라는 존재를 과연 인간 세포만으로 규정할 수 있을까 하는 물음이 그 시작이었습니다. 그런데 이제는 마이크로키메리즘이라는 현상이 이러한 물음을 더욱 증폭하고 있습니다. 이 물음은 필연적으로 '비非자기'를 제거하고 배제하려는 '자기'의 반응을 연구하는 면역학의 근간을 흔들었습니다. 이제 면역반응이라는 현상을 새로운 시각으로 바라보는 새로운 면역학의 시대가 열린 것입니다. 새로운 시각은 새로운 사고의 틀을 창출하고 새로운 지식을 제공할 것입니다. 그리고 새로운 지식은 새롭게 응용되어 인간을 질병으로부터 좀 더 자유롭게 해줄 수 있을 것입니다.

면역학자들이 좋아하는 구절이 있습니다. 단재 신채호 선생님이 말씀하신 "아我와 비아非我의 투쟁"이라는 말입니다. 하지만 이 구절은 역사에는 통용될지언정 면역에는 더 이상 적용될 수 없다고 말씀드리고 싶습니다.

이 책을 읽으며 제가 느꼈던 '감탄을 동반한 지적 만족감'을 여러분도 느끼시기를 바랍니다.

—신의철(카이스트 의과학대학원 교수)

머리말

키메라Chimere (여성명사)

1. 사자의 머리와 가슴, 염소의 배, 뱀의 꼬리를 가진 신화 속 동물.
2. 서로 어울리지 않는 부분들로 구성되어 통일성 없이 전체를 이루는 기이한 존재 또는 사물.
3. 그럴듯해 보이지만 실현 불가능한 계획, 그저 상상의 산물인 헛된 생각, 환상.
   예문: 키메라를 좇다.
4. 유전적 기원이 다른 두 개 또는 드물게는 여러 개의 상이한 세포로 이루어진 유기체.

— 《라루스Larousse 사전》

모든 것이 시작되는 곳. 모든 것이 시작되었던 곳. 모험이 계속 이어지는 곳. 이곳은 바로 세상의 왁자지껄한 소리가 미처 다다르기 전에 희미한 사운드트랙처럼 잦아들고 사람들 시선도 닿지 않는 봉긋한 배 속이다. 깨지기 쉬운 껍질 속에 고립된 날개

달린 친구들이나 무척 연약한 유충 형태로 엄마 배에서 나오는 유대류 사촌들과 비교하면 얼마나 사치스러운가. 인간은 평균 9개월간 따뜻한 곳에 유숙하면서 식량을 공급받는다. 처음에는 난자와 정자가 융합해 만든 아주 작은 하나의 세포에서 시작되지만 9개월 동안 수천억 개의 세포를 가진 유기체가 된다. 세포 수는 우리 은하의 별보다 많다.

머리부터 발끝까지, 심장부터 뇌까지 인간을 구성하는 모든 세포가 같은 수정란에서 비롯되었다고 생각하면 놀라우면서도 재미있다. 머리카락 지름 정도로 작은 수정란 세포에는 23개의 모계 염색체와 23개의 부계 염색체로 이루어진 세상에 단 하나뿐인 조합이 들어 있다. 이 염색체의 DNA는 인간의 유전적 정체성으로 여겨진다. 일란성쌍둥이를 제외하면 누구에게도 똑같은 화학적 서명이 없고 이후로도 갖지 못한다. 독점적이고 사라지지 않는 불변의 지문이다.

물론 이제는 유전자가 전부가 아니라는 사실은 잘 알려져 있다. 생물학 분야의 새로운 학문인 후성유전학은 환경과 생활 방식, 식생활에 따라 인간의 유전자가 얼마나 다양하게 발현될 수 있는지 보여준다. 일란성쌍둥이가 그 증거다. 동일한 DNA를 공유한다고 해서 동일한 클론이 되는 것은 아니다. 그렇긴 해도 80억 명 사이에서 자신의 개성을 나타내는 독특하고 특별한 악보를 우리 각각의 세포가 가지고 있다고 생각하면 위안이 된다. 이 악보는 단번에 자아를 견고하게 하고, 본래의 '자아', 독특하고 일관된 '나'를 우리에게 부여한다.

실제 상황은 더 복잡하다. 이미 과학자들은 새천년을 맞이하면서 정체성에 대한 이러한 자기중심적 개념에 처음으로 칼을 댔다. 순수하고 유일하기를 바랐던 '내'가 사실은 '우리'이며, 게다가 구성 요소 중 절반은 우리 소유가 아니라고 일깨워주면서 말이다. 인간 세포는 수가 비슷한 미생물 세포와 연결되어 살고 있으며 인간은 이 세포들 없이는 생존할 수 없다. 박테리아, 바이러스, 곰팡이, 효모 등 너무도 많은 미생물이 조직 안에서 얽혀 있고, 신진대사와 면역뿐만 아니라 기분과 행동에도 영향을 미친다. 우리 몸에 사는 모든 미생물을 일컫는 미생물무리 microbiota가 발견되면서 몸에 대한 이해는 물론 자기 구성적이고 개별적이며 동질적인 단위로서의 '자기'에 대한 이해가 뒤바뀌었다.

세포 단위로 보면 우리는 미생물인 동시에 인간다운 존재라 할 수 있다. 쓰라린 자기애적 상처를 주는 존재 말이다. 호모사피엔스의 신체 외피 뒤에는 무수히 많은 작은 풍경처럼 장기를 차지한 수많은 종이 감추어져 있다. 두 다리 위에 세워진 생태계 내부에 조성된 무수히 많은 작은 생태계는 계속해서 확장하며 스스로 진화하고 있다. 안에 작은 인형이 계속 들어 있는 러시아 전통 인형처럼 말이다.

이렇듯 인간의 유기체가 미생물과 인간 구성 요소의 뒤얽힘이라고 한다면 우리는 여전히 우리 자신이라고 할 수 있을까? 이 아찔한 질문에 직면한 인간은 언제나 인간 세포의 단일성에 기대어왔다. 우리의 세포들은 우리를 구성하는 세포의 절반만 대표할지 모르지만, 모든 세포는 하나의 수정란 세포에서 유래했다. 모든 세포는 우리의 유전적 정체성을 지니고, 바로 거기서 우리의 놀라운 유일성이 비롯된다. 결국 세포들은 우리의 뇌, 심장, 생식세포를 형성한다. 미생물 세포는 정말 없어서는 안 되는 존재지만 '고귀한 기관'을 구성하지는 않는다. 두개골 내부는 '고유한' 세포만이 지배한다며 우리는 안심했다.

그러나 틀렸다. '미생물의 격변'이 일어난 지 20년이 지난 현재 또 다른 혁명이 진행되고 있다. 혁명에 따르면 우리의 절반조차도 '나'로만 구성되어 있지 않다. 우리와 관련 있을지 모르는 이 마지막 단위마저 갈라지고 있고, 이 단위 역시 다원적이다. 성인의 몸을 구성하는 수십조 개의 인간 세포가 모두 하나의 수정란 세포핵에서 유래한 것은 아니다. 이 중 일부는 다른 곳에서 온 별처럼 화학직 특징이 우리 세포와 다르고, 다른 DNA를 숨기고 있다. 그 이유는 이 세포들이 다른 인간에게서 유래했기 때문이다.

다시 편안한 엄마 배 속으로 돌아가보자. 인간은 이 체내의 작은 바다에서 타자에 의해 타자와 함께 단번에 구성된다. 정확히는 10월의 어느 밤 인도양의 따뜻한 곳에서 산호들이 하는 일과 비슷하다. 그 광경을 보면 물속에서 눈이 내린다고 생각할 것이다. 눈 내리는 겨울 풍경이 거울에 거꾸로 반사된 듯, 아주 작은 눈송이들이 바닥에 붙어 있는 기묘한 고체 구름 위로 떠오른다. 아크로포라시테리아*Acropora cytherea* 산호가 생식세포를 방출하는 모습이다. 이 부드러운 눈보라 속에서 정자와 난자의 은밀한 만남의 결실인 수정란 세포들이 모습을 드러낸다. 이 유충들은 며칠 동안 조류를 따라 여행한다. 그리고 살아남은 극소수 유충이 바다의 바닥에 착지하고 남은 생애를 보내기 위해 고착한다. 유충들은 이곳에서 변태하여 산호의 가장 기본적 구조인 폴립polyp이 된다. 이후 동식물과 미생물 등 여러 종이 공존하는 하나의 군집이 형성된다. 거대하고 아름다운 키메라 메타유기체meta-organism인 셈이다. 인간의 태반을 산호가 산란하는 시기의 일시적인 수중 생태계로, 인간의 세포를 여행하는 산호 유충으로 볼 수 있지 않을까?

물론 우리의 세포 탈출은 더 제한적이다. 인간 몸 안의 바다는 무척 작은 호수에 가깝다. 모체의 혈류를 통해 여행하면서도 세포의 항해는 결국 신체의 자연적 경계에 부딪힌다. 하지만 그렇다면 우리가 자궁에서 마주친 '플랑크톤' 세포들은 누구 것일까? 그리고 고유의 떠돌이 세포들은 어디로 갈까? 놀랍게도 이 세포들은 모체와 태아 사이만 이동하는 것이 아니다. 모든 형제자매 간에도 이동하며, '사라진 쌍둥이', 즉 우리와 동시에 수정되었지만 너무 빨리 사라져서 아무도 존재를 알아차리지 못한 배아들을 소환하기도 한다. 때때로 이 기묘한 이동은 자기 사이의 이동을 넘어서서 다른 '자기들'을 받아들인다. 이를테면 이식을 통해 말이다. 보이지 않는 왕래 덕분에 타자의 것은 자신의 것이 된다. 과거는 미래에 슬그머니 끼어들고 미래는 과거를 거슬러 올라간다. 죽음은 더 이상 세포의 소실을 의미하지 않는다.

마이크로키메리즘이 초래한 혼돈의 규모는 이렇다.

마이크로키메리즘은 과학 연구자들이 붙인 이름이라기엔 괴상하지 않은가? 그리스 신화에 등장하는 키메라는 사자의 머리, 염소의 몸, 뱀의 꼬리를 가진 사악한 생물체로, 독사 여신 에키드나의 딸이다.

여기서 기이한 생물체는 바로 우리다. 우리는 모두 마이크로키메라다. 환상적으로 차용된 이 이미지는 과학자들이 당시 괴물로 해석했던 발견에 보인 경악과 매혹을 잘 반영한다.

타인의 세포와 자신의 세포를 섞을 수 있을까? 그 타인은 때로는 더 이상 살아 있지 않거나 심지어 살았던 적조차 없다면?

그럼 우리 각각은 다중적인 걸까? 그렇다면 이것이야말로 관점의 대전환이라 할 수 있다. 인간은 자신이 순수하다고, '자기'를 인식하고 '비非자기'를 거부할 수 있는 성능 좋은 영토 방어 도구가 있다고 생각했다. 그런데 몸은 '비자기'를 거부하지 않을 뿐만 아니라 비자기는 문자 그대로 우리 안에서 통합된다. 통합된 비자기는 몸 안으로 들어와 그 일부가 된다.

동료 연구자들이 이따금 '유령 사냥꾼'이라고 부르는 마이크로키메리즘 연구자들은 이 세포들이 잠시 머물다 가는 수동적 여행객과는 거리가 멀다는 것을 최근 몇 년 사이 알아냈다. 연구자들은 이 세포들이 장기에 얼마나 능동적으로 통합되는지도 발견했다. 이 세포들은 장기에서 증식하고, 단백질을 생산하며, 이웃과 의사소통한다. 물결에 실려 이곳저곳으로 옮겨 가 뿌리내리는 씨앗처럼, 조직 깊숙이 묻혀 있는 이 세포들은 우리의 풍경을 교묘하게 다듬는다.

이 책은 형성되고 있는 이 학문 분야에 관해, 그려지고 있는 풍경에 관해 이야기한다. 이 책은 연구자들이 시행착오를 겪으며 의문을 품던 시기와 '유레카의 순간'을 뒤쫓는다. 연구자들은 '외래' 세포들이 염증을 유발하고 장기를 공격하면서 소란을 일으킨다고 의심했다. 동시에 이 세포들이 고장을 복구하고, 조직을 재생시키며, 면역 체계를 교육할 수 있다는 것도 발견했다.

구성되고 있는 이 그림의 수수께끼에 파묻혀 있던 나는 1년이 넘는 기간 동안 그 모습을 낱낱이 평가하고자 했다. 또한 이 세포들의 대장정도 추적했다. 세포들은 체액을 따라 특정 기관에 우연히 정착하는 걸까, 아니면 연구자들이 미처 찾지 못한 정착 논리를 따르는 걸까? 어떤 화학적 묘약들이 이 지킬 박사를 하이드 씨로 변화시키는 걸까? 이 세포의 이중인격이 특정 질병의 원인이 될까? 혹은 치료 도구로 사용할 수 있을까? 나는 수십 명의 연구자에게 끊임없이 질문하며 철저히 파헤쳤고, 공백이 무수한 연구를 보완하고 개선하려 애쓰는 이들의 끈기에 감탄했다. 연구자로서 관례적인 그림에 만족하고 마는 것이 훨씬 편했을 텐데 말이다.

한편 나는 마이크로키메리즘으로 혼란에 빠진 이들의 삶을 발견했다. 특히 마이크로키메라 세포가 생식세포에 자리 잡은 여성과 남성은 삶에서 큰 혼란을 겪었다. 이 세포들은 고전적인 유전자 전달을 뒤죽박죽으로 만들면서 DNA 친자 검사를 무용지물로 만들기도 했다. 더 이상 추상화가 아닌 사실적인 풍경화가 모습을 드러냈고, 누구라도 그 풍경화의 대상이 될 수 있었다.

조사하는 동안 나는 인습을 타파하는 이 연구가 연구실 밖에서 받아들여지는 과정도 관찰했다. 20년간 과학 저널리스트로 활동하면서 내가 다루는 이야기가 이렇게나 반향을 일으킨 것은 이번이 처음이었다. 매번 똑같은 레퍼토리가 반복되었다. 내가 마이크로키메리즘이 의미하는 바를 설명하고 과학자들의 확신과 의문을 요약해 말하면 신랄한 말들이 터져 나온다. 그 후에는 이 미세한 세포들이 내면의 문을 연 것 같은 울림이 퍼져 나간다. 마치 자기 안의 타인을 환기하는 것 자체가 무엇보다도 자기에 대해 말할 수 있게 해준 것처럼 말이다. 타인에게로 확장된 그 자아는 무언가로 이어질까? 이 세포들은 나에게 얼마나 영향을 미칠까? 그들의 유전자가 나를 다른 사람으로 만들 수 있을까? 내 세포가 나보다 오래 살아남아 이 몸에서 저 몸으로 무한히 전달될 수 있을까?

이번에는 나 자신에게 끊임없이 질문했다. 블로거, 시나리오 작가, 종교인, 법률가, 철학자, 페미니스트 활동가 혹은 과학자들이 쓴 온갖 종류의 댓글과 추측을 인터넷에서 읽었다. 마이크로키메리즘은 모두에게 말하고 있는데, 사람들은 각자 다르게 듣는 듯하다. 각각의 삶의 여정, 필요, 욕구에 따라 형성되거나 변형된 우리는 마이크로키메리즘이 의미하는 바를 각자 다르게 해석한다. 마이크로키메리즘이 정체성, 모자 관계, 친자 관계, 죽음에 직면한 인간의 불안에 관해 하는 말을 자기만의 시각으로 해석한다. 어떤 사람은 엄마와 자녀의 깊고 영원하며 자연적인 유대 관계로 보고 싶어 하고, 다른 사람은 남성들이 영향력을 확장하는 새로운 방법이라고 비난한다. 또 어떤 사람은 낙태를 반대하기 위해 이용하고, 또 다른 사람은 엄마들의 자유로운 선택을 옹호하기 위해 사용한다. 세상을 떠난 사랑하는 사람들과 연결될 수 있어서 위안을 얻고, 심지어는 이 세포들을 통해 소통하기를 꿈꾸는 사람들도 있다. 반면 죽은 엄마나 형제가 자기 안에 살고 있다는 생각을 받아들이지 못하는 사람들도 있다.

상상을 향해 활짝 열린 이 창문이 나는 두려웠지만 그만큼 매료되었다. 우리는 과학이 말하도록 애쓸 것이 아니라 과학이 말을 건네도록 놔둬야 하지 않을까? 나는 직업적으로 훈련되어 있기 때문에 증명되고 검증된 자료에 얽매인다. 과학은 상상의 영역이 아닌 이성의 영역에 속한다며 말이다. 하지만 마이크로키메리즘은 심술궂게도 이 경계를 모호하게 만드는 걸 즐기는 듯하다. 어제는 터무니없어 보였던 가설이 오늘에는 기정사실이 되기도 한다. 알베르트 아인슈타인Albert Einstein은 "상상력은 지식보다 더 중요하다"라고 말했다. 여기 상상이 지식을 앞서 질주하고 있다. 내가 이것을 아무리 붙잡아두고 싶어 해도 소용이 없다. 그렇다. 마이크로키메리즘은 우리를 상상 속 아주 먼 곳으로 데려간다. 하지만 결국 과학이 여전히 우리를 꿈꾸게 할 수 있다면 그렇게 놔두는 것은 어떨까?

차례

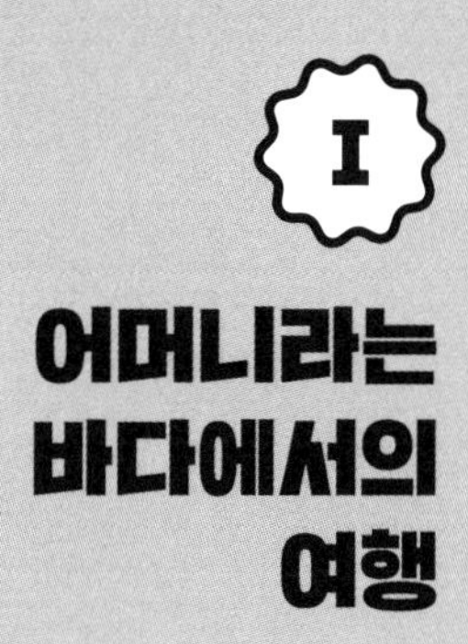

I

어머니라는 바다에서의 여행

"타자는 내가 아닌 나다."

• 장 폴 사르트르 •

이제 막 수정이 되었다. 조금 찌그러지고 아주 작은 구슬이 어두운 터널 속을 천천히 굴러간다. 목적지는 자궁이다. 이 작은 구슬은 처음으로 분열하여 두 개의 딸세포를 만든다. 딸세포는 각각 차례로 분열해 조금씩 '배아원반'을 형성하고, 시간이 갈수록 부풀어 오른다. 태곳적부터 반복된 신비로운 고난의 과정이다.

며칠이 지나면 바깥 표면의 어린 세포들은 형태가 독특해진다. 이들은 융합하여 여러 개의 핵을 가진 거대 세포가 된다. 이 거대 세포를 '영양막세포'라고 부른다. 영양막세포는 평온한 요람기의 분위기를 급격하게 바꾼다. 맞닿아 있는 자궁내막의 모세포를 공격하기 시작하고 모세포가 죽을 때까지 구멍을 낸다.[1] 그때부터 이곳은 그야말로 전쟁터가 된다. 증식하는 영양막세포는 죽어가는 모세포로 인해 비워진 공간을 정복해 결국 자궁에 혈액을 공급하는 혈관에 도달한다. 씨앗의 뿌리가 물과 미네랄을 찾아가는 것과 비슷하다. '뿌리(영양막세포)'가 '씨앗(배아)'을 자궁점막의 안쪽으로 옮기고 완전히 감싸서 태반을 형성한다는 점을 제외하면 말이다.

미국 캘리포니아대학교 샌타바버라의 진화생물학자 에이미 보디Amy Boddy는 "종양을 관찰해보면 거의 같게 전개될 겁니다"라고 지적했다. "두 경우에서 극도로 공격적인 세포들이 발견되는데, 이들은 면역 체계에서 벗어나 혈관을 동원해 에너지를 끌어갈 수 있어요." 형성되려면 엄마와 배아 두 개체의 '협력'이 필요한 유일한 기관인 태반에 보디는 매료되었다.

2022년 7월 리스본에서 처음 만난 보디는 표정이 밝았다. 그와 오스트리아 미생물학자 토마스 크로나이스Thomas Kroneis는 태반과 떼려야 뗄 수 없는 현상인 마이크로키메리즘을 연구하기 위해 540만 유로(약 79억 원)의 지원금을 막 따낸 상태였다. 두 연구자는 의학과 진화에 관한 회의에서 12명의 전문가를 모았고, 자신들을 가장 매료시킨 주제인 마이크로키메리즘에 대한 최초의 국제적이며 학제적인 대규모 연구 프로그램을 시작했다. 마이크로키메리즘을 연구하기 위해 두 사람은 몇 시간이고 현미경을 들여다볼 수 있었지만 초기에는 자금 지원이 거의 없었다.

연구자들의 함성이 아닌 배아원반의 치열한 함성이 가득한 현장으로 다시 돌아가보자. 며칠 만에 영양막세포는 9개월간 배아의 인큐베이터가 되어줄 태반이 된다. 놀랍게도 영양막세포의 이 기이한 공격 메커니즘은 한 바이러스 덕분에 생겨났다. 추정에 따르면 레트로바이러스과에 속하는 이 바이러스는 수천만 년 전 우리 조상 중 한 명을 감염시켰다. 레트로바이러스는 자신이 감염시킨 숙주의 DNA에 자기 유전자를 삽입할 수 있다. 그러니까 인간 게놈에는 수천 년 동안 인간을 감염시켰던 레트로바이러스의 DNA 조각 수만 개가 들어 있다. 우리 전체 DNA의 약 8퍼센트에 해당한다.

그렇다. 세포의 요새 같은 핵 안에 안전하게 보관된 우리의 DNA에 낯선 DNA 조각들이 숨어 있다. 우리는 바이러스와 함께 살고 있을 뿐만 아니라 그들의 DNA를 우리의 DNA에 통합하면서 모든 단계에 타자성을 드러낸다.

사진으로만 기억하는 먼 지인들처럼, 바이러스에서 기원한 유전적 요소들은 대부분 침묵하는 것처럼 보인다. 하지만 그중 하나인 인간 내인성 레트로바이러스-W[HERV-W]는 과거에도 그랬고 지금까지도 인간에게 큰 도움을 준다. 바로 영양막세포가 신시틴[syncytin]이라는 분자를 만들도록 돕는 일이다. 신시틴이 없으면 영양막세포가 자궁벽세포를 침략해 태반을 형성할 수 없다. 이 유전자를 소멸시켜버리면 어떤 배아도 살아남지 못한다. 다시 말해 인간이 이 바이러스와 만나서 바이러스와 인간의 DNA가 섞이지 않았다면 우리는 여전히 깨지기 쉬운 껍질을 가진 알을 낳고 있었을 것이다. 인간이 생애 첫 9개월을 보내는 안락한 고치는 오래된 만남의 기념비인 셈이다. 앞으로 이어지는 모든 이야기는 이 요람에서 비롯된다.

여러 세계를 연결하는 수로

영양막세포의 움직임을 계속 관찰해보자. 초기의 영양막세포들이 모체 혈관에 도달하면 통로가 열리고 두 세계 사이의 아주 작은 공간을 통해 다른 세계가 침투한다. 엄마가 바다라면 이 통로는 운하다. 대개 수로는 이전에 분리되어 있던 두 생태계를 연결해준다. 인간이 만들어낸 통로는 많은 해양종의 통행을 돕지만 간혹 토착종이 희생되기도 한다. 태반에 형성된 아주 작은 통로는 엄마의 영양분이 태아에게 넘어갈 수 있도록 해준다. 또한 산소를 공급하며 이산화탄소를 배출하고, 호르몬은 물론 새로운 지평으로 향하는 외래종 같은 세포들도 순환할 수 있도록 돕는다.

태아 세포가 모체의 기관으로 넘어갈지도 모른다고 처음 생각한 사람은 게오르크 슈모를Georg Schmorl이었다.[2] 검시관이었던 그는 1893년 라이프치히에서 자간증eclampsia을 연구하고 있었다.

전신 경련 발작인 자간증은 임신부의 약 0.5퍼센트에게서 나타난다. 슈모를은 당시 매우 위중했던 이 현상이 신장과 관련 있을 거라고 생각했다. 하지만 임신이나 출산 중에 사망한 임신부 17명을 부검하면서 이들의 폐에 핵이 여러 개고 거대하며 '매우 특이한' 세포들이 존재한다는 것을 알아차렸다. 일반적으로 골수와 태반에서만 발견되는 세포였다. 슈모를은 뼈에서 아무런 틈도 관찰하지 못했기에 이 세포의 기원은 태반의 태아 세포뿐이라고 추론했다. 태아 세포는 태반 안에 얌전히 머무는 대신 모체의 혈류를 통해 도망쳐 나왔을 것이다. 그런 식으로 모체의 폐 안으로 영양막세포가 대거 유입되면서 자간증 유발에 영향을 미쳤을 거라고 추측했다.

슈모를은 현미경으로 관찰한 세포의 이미지를 첨부한 100여 페이지에 달하는 논문에서 세포들의 '밀입국'은 더 적은 비율로나마 정상적인 임신 중에도 일어날 수 있다는 가설을 세웠다. 하지만 그는 1932년에 해부하다가 척추에 입은 상처가 감염되어 사망했다. 자신의 가설이 옳다는 것을 깨닫기도 전에 너무 빨리 세상을 떠나버렸다.

태아 세포 침입

슈모를이 사망하고 27년이 지난 1959년, 뉴욕에 기반을 둔 연구자들이 자간증 병력이 없는 임신 18주 차 이후 임신부들의 혈액에 영양막세포가 실제로 존재한다는 사실을 입증했다.[3] 고든 더글러스Gordon Douglas와 그의 연구팀은 이 현상이 정상적인 임신 중에 일어나는 것이 분명하다고 주장했다.

이 '세포 이주'는 진화의 거대한 역설 중 하나인 태아 내성을 이해하는 데 도움이 될 수 있다. 모체의 입장에서 태아는 절반가량은 외부 물질이다. 그런데 어째서 모체는 태아를 거부하지 않을까? 논리적으로 보면 당연히 모체의 면역 체계는 태아를 비자기로 식별해 제거해야 한다.

더글러스와 그의 동료들은 아마도 태아가 매우 적은 자기 물질을 모체의 기관으로 보내면서 천천히 받아들여진 것이 아닐까 생각했다. 영양막세포의 여행으로 모체의 면역세포가 태아를 반半외부 물질이 아닌 또 다른 자기로 인식하게 되었다고 말이다.

두 번째 전환점은 1969년에 약간의 우연으로 나타났다. 캘리포니아대학교의 멜빈 그룸바크Melvin Grumbach 연구팀은 임신부의 면역에 관해 연구하고 있었다. 연구팀은 림프구라고도 불리는 백혈구 내부의 염색체를 생물학적 정밀 분석 기술로 시각화하는 데 성공했다.[4] 이 림프구는 인간의 면역 방어에 중요한 역할을 하는데, 놀랍게도 임신부의 혈액 표본에서 Y 염색체의 특성을 지닌 림프구가 발견되었다.

정상적이라면 Y 염색체는 남성에게서만 발견되어야 한다. 여성은 세포 안에 두 개의 X 염색체를 가지고 있다. 하나는 아버지로부터 다른 하나는 어머니로부터 물려받은 것이다. 반면 남성은 어머니에게서 받은 X 염색체와 아버지에게서 받은 Y 염색체를 가지고 있다. 연구팀이 해석에서 오류를 저지른 것은 아니었다. 30명의 임신부를 대상으로 한 연구에서, 총 34개의 XY 염색체가 발견된 21명 중 19명은 남아를 출산했고 2명은 여아를 출산했다. 반대로 Y 염색체가 전혀 발견되지 않은 9명의 임신부 중 여아를 출산한 여성은 6명이었고 3명은 남아를 출산했다.

그룸바크와 그의 동료들은 Y 염색체를 가진 림프구는 당연히 남성 성별을 가진 태아에게서 유래했다고 보았다. 권위 있는 학술지 《랜싯Lancet》에 게재된 논문을 보면 이미 임신 초기 말부터 태아의 성별과 염색체 이상 가능성을 판단하기 위해 이 기법을 활용할 수 있음을 알 수 있다. 그러면 태반 내부의 태아 세포를 채취하는 양수 천자 검사가 줄어들 것이었다. 양수 천자 검사법은 매우 침습적이어서 0.5~1퍼센트의 확률로 유산을 초래한다. 아기집이 아닌 모체의 혈액에서 채취한 태아 세포를 분석하면 이 비극을 막을 수 있었다.

그때부터 여러 연구팀이 공중 보건 관점에서만큼이나 경제적 관점에서도 유망한 이 분야를 연구하기 시작했다. 2020년 산전 검사 시장의 규모는 30억 달러(약 4조 원)에서 40억 달러(약 5조 5,000억 원)로 추산되었다.

초기에는 Y 염색체를 이용하여, 남아를 임신한 여성의 혈액에서 태아 유래 세포를 탐지했다. 나중에야 이 고독한 여행객이 태아의 성별과 관계없이 모든 임신부의 혈액에 존재한다는 사실이 밝혀졌다. 연구에 따르면 모체 혈액에 있는 태아 세포는 모체 세포 10만 개당 1,000~5,000개에 이른다. 그 수는 임신 기간 동안 증가하다가 출산 후 급격히 감소하여 거의 없어진다. 그렇기 때문에 당시 연구진은 출산 후 모체가 외래 세포들을 '청소'해서 모험가 세포들이 결국 자취를 감추었다고 생각했다.

그러던 1993년 가을, 당시 38세였던 의사 다이애나 비앙키Diana Bianchi가 미국인간유전학회American Society of Human Genetics, ASHG 연례 학술대회에서 큰 파장을 일으켰다. 보스턴의과대학에 소속된 그의 연구팀이, 연구 기간 동안 임신하지 않았지만 1~27년 전 남아를 출산한 적 있는 여성으로 이루어진 대조군 중 6명의 혈액에서 남성 세포를 발견했기 때문이다. 태아 세포들이 모체 안에서 수십 년 동안 잔존할 수 있음을 증명한 연구 결과였다. 이

말은 자가 재생하면서 유기체 안에 머무를 수 있는 줄기세포, 즉 숙주의 개체 내에서 생존할 수 있는 세포라는 뜻이었다. 정말이지 시적이고 보편적인 이미지다. 엄마가 자녀의 세포를 일평생 품은 채 살고 있을지 모른다니 말이다. “엄마와 자식의 이러한 유대감은 모두에게 와닿는 이야기죠”라며 비앙키는 과거의 일을 회상했다. “어느 날 발표를 마친 후였습니다. 한 여성이 눈물을 글썽이며 제게 다가왔죠. 그의 딸은 아주 어린 나이에 세상을 떠났다고 했어요. 그는 마이크로키메리즘을 통해 자기 안에 여전히 존재하는 딸아이를 떠올리면서 위로받은 듯했고 심지어는 행복해 보였습니다. 아이가 계속 살아 있는 것 같았어요.” 이 태아 세포들이 세상을 떠난 소녀와 더 이상 아무 관련이 없더라도, 이 DNA 가닥들이 소녀의 인격을 지니지 않더라도 상관없었다. 비앙키가 조심스레 덧붙였다. “마이크로키메리즘이 상심한 여성을 도울 수 있다면 다행인 거죠.”

시의적절하지 못한 발견

새로운 발견은 처음에는 큰 실망을 낳았다. 태아 세포가 모체에 수십 년 동안 남을 수 있다면, 태아 세포로부터 현재의 임신에 대한 유전 정보를 얻기가 까다로울 것이다. 이미 수가 매우 적고 분리하기도 어려운데 세포가 어느 태아에서 비롯된 것인지 알 수 없으니 말이다. 그렇기에 양수 천자 검사를 하지 않고 순환하는 태아 세포만 검사하면 이전 아기, 심지어는 낙태한 태아의 유전체까지 분석할 위험이 있다. 한편으로 이러한 발견은 이전까지 오류로 여겨졌던, 임신하지 않은 여성 혹은 여아 태아를 임신한 여성의 혈액에 XY 세포들이 존재하는 이유를 설명해준다.

양수 천자 검사를 대체할 또 다른 비침습적 산전 진단 검사법이 개발된 것은 2000년대 들어서였다. 태아의 세포가 아니라 모체의 혈류 속을 자유롭게 떠다니는 태아의 DNA 가닥을 활용해보자는 아이디어에서 비롯되었다. DNA 가닥은 수가 전체 세포보다 훨씬 많다는 장점이 있다. 임신부의 혈장에 있는 세포 유리 DNA의 10퍼센트는 태아에서 비롯된다. DNA 가닥은 더 빠르게 파괴된다는 장점도 있어서 이전 임신으로 인한 물질이 남아 있을 수 없다.

실망감 이후엔 커다란 당혹감이 뒤따랐다. 이 발견은 학자들이 그토록 확신하던 많은 것을 뒤엎었다. 논리적으로 생각하면 부모의 유전자를 전달받는 건 자식이고, 그 반대는 말이 되지 않는다. 하지만 세포들은 가계도를 거슬러 올라가며 시간을 역행한다. 그야말로 논리를 벗어나는 일이었다. 게다가 태아 세포의 지속성은 면역의 중심 패러다임, 즉 자기와 비자기 식별에 문제를 제기했다. 당시 지배적이었던 관점에서는 외래 세포가 면역체계에 의해 포착되어 제거되지 않고 한 유기체 안에서 27년 동안 돌아다닐 수 있다는 견해를 받아들일 수 없었다. 이미 면역학자들은 모체가 유전적으로 다른 태아를 거부하지 않는 이유를 밝혀내기 위해 계속 애쓰는 상황이었다. 기존 이론과 다른 이례적인 일들이 더해지면 순식간에 너무나 복잡해질 것이었다. 과학 학술지들은 이 전복적인 발견을 게재하는 것을 세 차례나 거부했다.

새로운 연구 분야의 관계자들은 실망과 회의주의를 넘어 또 다른 문제에 직면했다. 여성의 건강과 생식에 관한 관심 부족이었다. 비앙키는 미소를 잃지 않은 채 말했다. "남성들은 자신과 관련 없는 문제라고 생각하는데, 대부분 연구비를 집행하는 주체는 남성입니다." 현재 그는 미국국립보건원National Institutes of Health에서 ('국민 소아과 의사'라 불리는) 소아과 과장 직을 맡아서 아이와 여성의 건강 증진을 위해 13억 달러(약 1조 8,000억 원)에 달하는 예산을 관리하고 있다. 비앙키는 이렇게 시인했다. "이 분야에서 자금 지원이 부족했던 경험이 확실히 선택에 영향을 미쳤죠."

1996년 마침내 학술지 《미국국립과학원 회보Proceedings of the

National Academy of Sciences, PNAS》에 모두를 혼란에 빠뜨린 비앙키의 발견이 실렸다.[5] 그는 임신이 여성의 몸에서 "장기적이고 낮은 수준의 키메라 상태"를 확립할 수 있다고 썼다. 이 논문은 비앙키의 논문 중 가장 많이 인용되었고 마이크로키메리즘의 초석이 되었다. 사실 출산은 이야기의 끝이 아닌 시작에 불과하다. 이제 겨우 규모와 중요성을 어렴풋하게나마 보게 된 영원한 동거의 시작점일 뿐이다.

이방인의 침입

"모든 말은 편견이다."

• 프리드리히 니체 •

2022년 11월 나는 미국으로 날아갔다. 첫 번째 목적지는 마이크로키메리즘 연구의 요람 중 하나인 시애틀이었다.

마침 미국은 중간선거를 앞두고 있었다. 지역 신문 기사와 나의 과학 기사는 기묘하게 유사한 점이 있었다. 국경과 이민, 외부인, 침략 같은 용어를 사용하며 방어, 대체, 국가 정체성을 논한다는 것이었다. 둘 다 '그들'에 맞서는 '자기'의 관점에서 이야기하고 있었다. 나는 이미 몇 년 전 백신을 연구하다가 이러한 민족주의적 언어들을 접했다.[1] 연구자들은 몸속에서 모험하는 바이러스와 박테리아를 면역세포가 감지하고 제거하는 과정을 이런 어휘들로 설명한다. 미국에서는 불법으로 국경을 넘어와 타국 영토를 점령하는 이민자가 마이크로키메라 세포였다. 이민자들이 유입하여 불안에 떠는 국가를 우리와 동일시하지 않는 새 언어를 찾을 수는 없을까? 과학적으로 더 정확하게 설명하면서 남용되거나 다르게 해석될 여지가 적은 이미지를 만들 수는 없을까?

선거를 며칠 앞두고 나는 이러한 생각을 리 넬슨Lee Nelson에게 털어놓았다. 류머티즘 학자 넬슨은 지난 30년간 마이크로키메리즘을 연구했다. 그가 이 분야의 대가라고 모든 전문가가 입을 모은다. 그가 집필한 수많은 논문과 대중을 위한 글에는 인간 몸속으로 이주해 정착하는 외래 세포의 이미지가 많이 등장한다.

2008년 넬슨은 이렇게 썼다. "놀라운 것은 어떻게 이 이주 세포들이 새로운 숙주의 몸속에 계속 머물고 혈액 속에서 순환할 뿐만 아니라 다양한 세포 조직에 거처를 정할 수 있느냐다."

미국의 대중 과학지 《사이언티픽 아메리칸Scientific American》에 실린 기사에서 넬슨은 태반을 '선별적인 국경 통행로'에, 태반을 통과한 태아 세포들을 '최초의 이민자들'에 비유했다. 이 세포들은 정착하는 시기에 따라 다른 영향을 미친다고 그는 말했다. "국가 형성 시기에 도착한 이민자들은 훗날 도착한 이민자들과는 다르게 동화될 수 있는 것처럼 말이죠."

넬슨은 그 이미지를 영국의 저명한 면역학자 토니 데이비스Tony Davies에게서 착안했다. "당시에는 이런 식의 비교가 오늘날처럼 반향을 일으키진 않았어요"라고 그는 분위기를 설명했다. 나의 질문에 다소 놀란 듯했지만, 자신에게 큰 모험과도 같았던 이야기를 풀어낼 수 있어서 기쁜 기색이었다. 최근 은퇴한 넬슨이 과거에 매우 활발하게 연구한 덕분에 이 어휘들의 기원뿐 아니라 어휘가 연구에 미치는 영향도 더 잘 이해할 수 있었다.

넬슨이 다이애나 비앙키처럼 산전 검사를 개발하던 도중 마이크로키메리즘을 알게 된 것은 아니었다. 그가 관심 있었던 분야는 자가면역질환이다. "자가면역질환 환자들을 연구하면서 정말 당혹스러웠습니다. 당시 자가면역질환의 원인은 호르몬이라는 이론이 지배적이었는데 나는 전혀 납득할 수 없었죠."

그럴 수밖에 없었던 것이, 자가면역질환 환자의 4분의 3 이상이 여성이었고 대부분 호르몬 수치가 감소하는 45세 이후 증상이 나타났기 때문이다. 특히 넬슨은 류머티스성 관절염을 앓던 한 여성 환자가 임신 중에, 그러니까 호르몬이 왕성하게 분비되는 시기에 관절염이 사라졌다가 출산 후 곧바로 재발한 사례를 떠올렸다. "나는 이 질환이 면역과 관련 있다고 확신했습니다. 태아라는 이물질을 받아들이기 위해 임신 중에 강력한 면역조정이 필요했던 거죠."

넬슨은 '이 호르몬 마피아'를 알아내기로 마음먹었고, 주로 이식 거부반응 같은 문제들을 연구하는 면역학 전문가들이 모인 시애틀의 프레드허친슨암연구센터Fred Hutchinson Cancer Center에 들어갔다.

바로 이곳에서 넬슨은 기이한 유사점을 발견했다. 여러 자가

면역질환 중 하나인 피부경화증을 앓는 환자들의 증세가 이식편대숙주반응의 증상과 매우 비슷했다. 이식편대숙주반응은 일부 이식수술 후에 발생할 수 있는 매우 심각한 합병증이다. 피부가 너무 딱딱해져 입도 움직일 수 없고, 손톱이 부러지며, 머리카락이 빠지고, 관절이 경직되는 증상이 나타날 수 있다. 이식편대숙주반응에서 이식을 받은 수혜자의 세포를 공격하기 시작하는 것은 이식 공여자의 면역세포다. '그렇다면 피부경화증에서는 무엇이 환자들의 세포를 공격했을까?' 넬슨은 그런 의문이 들었다.

루이 파스퇴르Louis Pasteur가 말했듯, 행운은 준비된 자에게만 미소 짓는다. 넬슨이 바로 그 준비된 자였다. 그에게 찾아온 행운은 1994년 4월 어느 저녁에 걸려 온 한 통의 전화였다. 동료 연구원이 실험실의 한 여성 기술자의 혈액에서 남성 세포가 발견됐다는 소식을 전했다. 이 여성은 1년 전 아들을 출산했다. 발견된 남성 세포는 그때 태아에게서 왔다고 의심되었다. 미국 반대편에 있는 비앙키와 동일한 발견을(당시 넬슨은 그 발견에 대한 소식을 듣지 못했다) 몇 달 후에 넬슨도 한 것이다.

그에 따르면 "불이 번뜩 켜졌다." 만약 태아 기원 세포들이 자가면역질환과 관련 있다면? 이 세포들이 이식편대숙주반응에서처럼 조직을 공격했을까? 반대로 몸의 면역세포가 이 세포들이 외부에서 왔다고 인식해 표적으로 삼았을까? 두 경우 모두 지속적인 염증, 더 나아가 손상을 유발할 것이다. 넬슨에 따르면, 그렇다면 더 이상 '자가'면역질환이라고 할 수 없을 것이었다. 면역 체계는 몸속에 존재하는 외래 세포로부터 공격받든, 외래 세포를 제거하려고 애쓰든 간에 자기 세포를 공격하지 않기 때문이다. 고통의 원인은 우리 안의 비자기일 것이다. 전 세계 인구의 5~8퍼센트에 영향을 미치는 복잡하고 알려지지 않은 여러 자가면역질환을 다루는 데 몹시 큰 변화가 일어날 것이었다.

의심스러운 침입자

호르몬은 용의선상에서 벗어났다. 넬슨은 자신의 가설이 특허를 낼 만큼 혁신적이라고 확신했다. 특허에는 마이크로키메라 세포로 자가면역질환의 소인을 진단하는 방법뿐만 아니라 해로운 공격을 예방하기 위해 이 세포를 제거할 수 있는 치료법도 포함되었다. 이 방법을 적용한 진단이나 치료는 개발되지 않은 상태였다.

넬슨은 1996년에 자신의 혁신적 이론을 류머티즘 전문 학술지에 발표했다.[2] 불과 며칠 전 《미국국립과학원 회보》에 마침내 비앙키의 논문이 실렸다. 비앙키와 넬슨은 이미 공동 작업을 시작한 상태였다. 비앙키가 1993년 학회에서 발표한 내용이 오랫동안 연구자들 사이에서 회자되고 있었다. 넬슨은 비앙키의 발견을 알게 된 직후 연락해서 자가면역질환과의 연관성에 대한 자신의 가설을 설명했다. 그리고 얼마 후 여성 환자들의 혈액 표본이 시애틀과 보스턴을 오갔다. 첫 번째 결과는 넬슨의 가설에 힘을 실어주었다.[3] 대조군인 건강한 사람들과 비교했을 때 피부경화증을 앓는 여성들의 혈액에는 더 빈번하게 그것도 다량으로 남성 세포가 있었다.

의미 있는 변화가 일어났다. 그때까지 모체의 혈액에서 발견된 태아 세포는 임신의 수동적 부산물, 말하자면 부작용으로 간주되었다. 당시 연구자들과 연구비 지원 기관들이 관심을 가졌던 것은 세포 자체보다는 세포에 내포된 것, 즉 태어날 아기에 대한 정보였다. 이들은 수익성 좋은 비침습적 산전 진단법을 개발하길 기대했다.

태아 세포들이 엄마의 몸에 남아 있고, 게다가 세포들이 능동적으로 이동한다고 밝혀지자 언어학적으로 큰 전환점이 나타났다. 사회학자이자 과학사학자 아린 마틴Aryn Martin은 이 언어학적 변화를 면밀히 분석했다.[4] 캐나다 출신의 연구원 마틴은 이렇게 설명했다. "그즈음 민족주의적 비유들이 나타나기 시작했고 지금은 이 분야의 전문 용어로 받아들여지고 있죠."

태아 세포들은 태반의 경계를 넘어서 모체의 영역을 침략하고 불법 점거하는 이주자, 침입자, 유랑자로 변모했다. 민족주의적 비유에 더해 성차별적 어휘도 추가되었는데, 대부분 태아 세포는 Y 염색체의 존재만으로 표현되기 때문이다. 다시 말해 거의 항상 여성의 몸 안에서 남성 세포를 찾는 것이다. 식별을 위해 형광 염료로 염색된 남성 세포는 여성의 기관 내부를 돌아다니면서 다른 신호를 방해하는 '잡음'처럼 여성 태아 세포를 눈에 띄지 않게 만든다.

한편 여성 태아 세포도 남성 태아 세포만큼 여성의 기관에 존재한다고 알려져 있다. 2000년대에 분자생물학에서 파생된 기술들이 개발되면서 개인의 성별과 관계없이 태아 세포 고유의 표지를 식별할 수 있게 되었다. 그러나 이 기술들은 간단한 Y 염색체 검출보다 시간과 비용이 많이 들기 때문에 현재도 Y 염색체 검출법이 태아 마이크로키메리즘 연구에 가장 많이 사용된다.

지속적인 동거의 상징

이상하게도 과학자들은 먼저 태아 세포의 부정적인 영향에 초점을 맞췄다. 태아 세포는 주로 질환이 있는 여성들의 손상되거나 변형된 조직에서 발견된다. 이들은 어디에서나 찾아볼 수 있다. 모든 범죄 현장마다 태아 세포가 숨어 있다. 이 '이주 세포'는 즉각 혐의를 쓰고, 심지어는 유죄가 선고된다. 가로등 효과의 완벽한 예라고 할 수 있다. 사람들이 가로등 불빛 아래에서 열쇠를 찾는 이유는 거기서 잃어버렸기 때문이 아니라 유일하게 빛이 비치는 지점이기 때문이다. 병리학적 상황에만 주목하면 태아 세포는 사실상 해를 끼치는 침입자가 된다. 마틴은 이렇게 말했다. "태아 마이크로키메리즘은 연구자들이 특정 대상을 말하는 방식이 연구 궤적에서 얼마나 중요한지 보여주는 매우 흥미로운 현상입니다."

이후 연구자들은 다른 곳에 초점을 맞추면서 태아 세포가 반드시 문제의 원인인 것은 아님을 알아차렸다. 태아 세포는 범죄 현장을 기웃거리는 구경꾼처럼 대부분 일이 벌어진 후에 도착한다. 때때로 곤경에 처한 조직을 도와주러 오기도 한다. 그렇지만 넬슨의 초기 가설이 배제된 건 아니다. 기원이 다른 세포가 해로운 면역반응을 일으킬 수 있다는 시나리오는 유지되고 있다. 하지만 실제로 그런 경우는 소수인 듯하다. 인간은 모두 마이크로키메라인데, 해로운 면역반응을 겪는 사람은 드물기 때문이다. 마이크로키메라에 대한 부정적 시각은 현재 시방으로 갈라지는 면역학적 시각에서 비롯되었다. 연구자들이 '밀입국' 혹은 '이주

세포'라고 표현했던 이유는 우선 태아 세포가 모체 내에 남아 있는 것이 법칙에 거의 맞지 않고 있을 수 없는 일이라고 여겼기 때문이다. 면역학의 법칙, 생물학의 법칙을 위반하는 일이었다.

이러한 관점은 이제 더 이상 유효하지 않다. 미생물무리와 마이크로키메리즘 현상을 발견한 연구자들은 면역 체계는 비자기와 영원히 전쟁을 치르는 자기의 요새가 아니라는 것을 깨달았다. 게다가 우리는 더 이상 자기라는 개념이 무엇을 포함하는지조차 알지 못한다. 우리 '고유의' 세포만 말하는 것일까? 그렇다면 몸속에 사는 미생물 세포와 마이크로키메라 세포는 우리에게 속하지 않는다는 말인가? 우리는 집합체, 공동체라는 개념을 수용하기 위해 자기라는 용어를 사용하지 말아야 할까? 면역 체계를 기계적으로 비자기를 거부하는 군대가 아니라 인간을 구성하는 놀라운 다양성에 대한 통합력으로 볼 수는 없을까?

프랑스 면역학자 에드가르도 카로셀라Edgardo Carosella와 과학철학자 토마 프라되Thomas Pradeu는 "자기가 된다는 것은 우선 타자에 의해 만들어지는 것, 타자로 이루어진다는 것이다"라고 말했다.[5] 비자기는 우리 안에 있다. 처음부터 영원히 말이다. 프랑스 면역학자 마르크 다에롱Marc Daeron은 이렇게 썼다. "유기체는 고대 로마인들이 포위한 갈리아 마을처럼 비자기 군단이 포위한 자기라는 성채가 되길 멈췄다. 유기체는 세상과, 세상에 분명히 존재하는 타자에게 자신을 개방했다."[6] 다에롱은 동료 학자들에게 "면역학적 사고에 족쇄를 채우고 과학에 적합하지 않은 이데올로기로 이끄는 선험적 추론에서 벗어날 것"을 청했다. 그리고 면역을 타자에 맞서는 것이 아니라 타자와 함께 살 수 있도록 돕는 관계의 체계로 여길 것을 제안했다.

이것이 바로 마이크로키메리즘이 시사하는 바다. 출산 후 수십 년간 엄마 몸속에 태아 세포가 존재한다는 사실은 복수적 정체성, 다름을 동반한 지속적인 동거의 가능성을 나타내는 아름다운 상징일 것이다.

게다가 이는 이야기의 시작에 불과하다. 뒤에서 우리는 자기와 비자기의 뒤섞임은 모체를 초월한다는 사실을 보게 될 것이다. 일부 전문가들의 말처럼 그것은 '단순히 여성의 일'만은 아니다. 남녀 상관없이 모든 인간은 부모든 아니든 간에 키메라 무리다. 철학 박사학위 논문을 위해 카로셀라의 면역학 연구실에 4년간 있었던 프라되는 "우리는 순수하고 동질적인 자기 구성적 자아의 산물이 아니다"라고 주장한다.[7] "우리의 개체성은 끊임없이 만들어지고 있다. 그것은 변화와 외래 요소들의 통합을 통한 정체성이다." 확실히 정치적으로 오해를 살 수 있는 표현이다. '사회체corps social'라는 매우 보수적인 관점에서 훨씬 진보적인 열망으로 옮겨 갔다. 현재 보르도대학교 이뮤노콘셉트연구소ImmunoConcept lab 연구 책임자인 프라되는 "누군가는 나의 정치적 사상이 반영되었다고 비난할 수도 있다"라고 응수했다. "그러나 무엇보다도 나는 효과적이지 않은 비유들을 정확한 언어와 검증할 수 있는 서사로 바꾸기 위해 노력해왔다."

'저들'에 맞서는 '자기'는 더 이상 아무 의미가 없다. 서로 뒤섞여 있어 우리 개체성의 경계를 모호하게 만들기 때문이다. 몸의 경계는 궁극적으로 지리적 경계만큼이나 다공성을 띠고 있다. 그렇다. 기꺼이 듣고자 한다면, 마이크로키메리즘은 면역에 대해, 우리의 정체성에 대해 완전히 다른 이야기를 속삭여줄 것이다. 집단적 모험의 이야기를 말이다.

당신은
내 피부 아래에
있어요

"과학사를 안다는 것은 보편적 진리에 대한

모든 교만의 죽음을 인정하는 것이다."

• 에블린 폭스 켈러 •

“당신은 내 피부 아래에 있어요. 내 마음속 깊이 당신을 품고 있어요. 마음속 깊은 곳에서 당신은 정말 내 일부가 되었어요.”(역주—프랭크 시나트라의 노래 ‘당신은 내 피부 아래에 있어요I've got you under my skin’의 가사 일부) 프랭크 시나트라는 사실을 알고 있었다. 하지만 연구자들은 그 사실을 증명할 필요가 있었다.

에드가르도 카로셀라는 1976년 아르헨티나를 떠나 파리로 향했다. “우리 모두는 다른 길로 마이크로키메리즘에 도달했습니다.” 생루이병원에 있는 사무실에서 카로셀라가 읊조리듯 말했다. 그가 여행자 세포에 흥미를 느낀 계기는 면역 체계에 관한 기초 연구를 하면서였다. 그의 모든 연구의 중심에는 조직적합항원histocompatibility antigen이라고도 불리는 사람 백혈구 항원human leukocyte antigen, HLA이 있었다.

HLA는 무엇일까? 세포의 외피에 붙어 있는 이 단백질은 말하자면 모자의 특정 패턴과 같다. 이 단백질은 유전자 그룹이 암호화하는데, 유전자 그룹의 일부는 아버지에게서, 일부는 어머니에게서 물려받는다. 매번 수정될 때마다 운명의 수레바퀴가 돌아가고 수정란은 패턴이 알록달록한 새 모자를 쓴다. 그리고 이 모자는 여러 차례 세포분열하면서 딸세포에게 동일하게 전달된다. 딸세포들도 분열하면서 똑같은 일을 반복한다. 그렇게 해서 하나의 수정란 세포에서 나온 모든 후손 세포는 똑같은 모자를 지니게 된다. HLA 항원은 종류가 너무나 많아서 계산에 따르면 가능한 조합의 수가 100억 가지 이상이다. 따라서 각각의 모자는 세상에 단 하나밖에 없고 모방이 불가능한 패턴을 가졌다고 여겨진다. HLA가 면역에서 수행하는 핵심적인 역할은 이러한 확고부동한 유일성에서 비롯된다. 그 역할이란 바로 HLA 조합으로, 면역세포들은 이 조합을 통해 비자기와 자기를 식별한다. 예컨대 HLA 모자는 이식된 다른 사람의 조직을 거부하는 반응인 동종이식 거부에 개입하기도 한다. 여기에서 면역학자들이 생각하는 개체에 대한 정의인 '생물학적 신분증, 개체성에 대한 인감도장'[1]을 찾아볼 수 있다고 프랑스 의사 장 도세Jean Dausse는 말했다. 그는 HLA 체계를 발견한 공로로 1980년 노벨 의학상을 받았다.

이러한 관점에서 보면 자기는 타자에 대한 배제를 전제로 한다. 카로셀라는 이렇게 회상했다. "우리의 첫 번째 결론은 각각의 인간은 확실히 고유하다는 것이었어요." 그는 생루이병원 면역학과에 오기 전에 도세와 오랫동안 함께 연구했다. "하지만 인간들의 차이점은 미미합니다. 단지 몇 개의 분자로만 타자와 구별되죠."

물론 여느 과학 이론처럼 예외가 있다. 이 예외들이 연구자들을 새로운 발견으로 가득한 샛길로 들어서도록 이끈다. 예를 들면 적혈구에는 HLA 모자가 없다. 적혈구는 고유의 표지자를 지니며, 이 표지자에 따라 네 가지 혈액형이 정해진다. 흥미로운 예외는 그 유명한 영양막세포에 관한 사실이다. 태반을 구성하는 이 태아 세포들은 매우 독특한 모자를 가지고 있다. 카로셀라는 그리스 신화에 나오는 마법의 방패를 언급하며 '일종의 방패'라고 표현했다. 누군가는 《해리 포터》의 투명 망토를 떠올릴지도 모르겠다. 일명 'HLA-G' 망토다. 1990년대에 카로셀라의 연구팀은 HLA-G 덕분에 영양막세포가 모체 면역 체계의 눈에 띄지 않게 지나갈 수 있다는 것을 발견했다. 마치 태아 세포의 HLA 모자가 모체의 면역세포들을 잠재우는 것 같았다.[2]

카로셀라는 콧수염을 가다듬으며 자신감 있게 말했다. "모체 입장에서 절반쯤은 이질적인 존재인 태아에게 모체는 왜 9개월 동안 거부반응을 보이지 않는지를 이 발견으로 이해하기 시작했습니다." 만약 영양막세포가 이 단백질을 발현하지 못한다면 태아는 거부당할 것이다. 하지만 그게 다가 아니다. 이 발견은 태아 세포가 모체 기관에 침투하는 이유까지 밝혀냈다. 게다가 태아 세포는 혈액에만 침투하는 것이 아니었다.

혈액 탈주자

카로셀라와 셀림 아락팅기Selim Aractingi는 임신 다형 피부병이라는 특이한 피부 발진에 걸린 임신부 환자들을 보면서 병소(역주 – 생체 조직에 병적 변화를 일으킨 자리)에 있을지 모를 태아 세포의 흔적을 찾아야겠다고 생각했다. 전체 임신부 중 약 4퍼센트가 일반적으로 임신 3기에 이 기이한 피부 발진을 겪는다. 첫 임신 때 이 증상을 겪은 한 친구는 "얼음장같이 찬물로 샤워해야 쓰라린 통증이 완화되었어"라고 말해주었다.

파리 테농병원 피부과에 근무하는 아락팅기는 넬슨의 연구를 잘 알고 있었다. 당시 이식편대숙주반응으로 인한 피부 병소에 대한 논문을 쓰고 있었기 때문이다. 이식편대숙주반응에서 이식받은 수혜자의 세포를 공격하는 것은 이식 공여자의 면역 세포라는 것을 기억하길 바란다. 이식편대숙주반응과 피부경화증의 유사성을 확인한 넬슨은 태아 세포 또한 면역 체계를 교란

할 수 있을 것이라고 생각했다. 연구자들은 붉은 반점으로 뒤덮인 임신부들의 볼록한 배를 보며 곰곰이 생각했다. 만약 같은 현상이 여기서도 일어나고 있다면? 태아의 세포들이 투명 망토 덕분에 모체의 피부에 침투해 이러한 염증을 유발할 수 있지 않을까? 그래서 연구팀은 남아를 임신한 여성 10명의 발진 부위 피부 조직을 검사했다. 또한 마찬가지로 남아를 임신했지만 다른 피부 문제(습진 및 기타 피부병)를 겪고 있는 여성 26명의 피부 조직 검사와 비교했다.[3]

비교 결과, 다형 피부병이 있는 임신부 중 절반 이상이 피부에 남성 세포를 가지고 있었다. 반면 일반 피부 질환 임신부 대조군에서는 남성 세포가 발견되지 않았다. "우리는 이 남성 세포에 HLA-G가 존재한다는 것도 증명했어요. 이 세포는 태아로부터 온 것이 맞았습니다"라고 카로셀라는 밝혔다. 그때부터 그는 태아에게서 온 남성 세포가 심한 발진의 원인이 아닐까 의심했다. 그는 남아 태아의 남성 세포가 면역 체계의 눈에 보이지 않게 화학 분자를 발산해 염증 반응을 유발했을 수 있다고 추측했다.

대서양 반대편 연구자들도 남아를 출산한 여성들의 손상된 조직에서 남성 세포를 찾아냈다. 처음에는 피부경화증을 앓던 신모들의 피부 병소에서, 이후에는 비장, 폐, 림프절, 신장에서 발견했다.[4] 연구자들은 또한 다른 자가면역질환인 담관성 간경화(간에 영향을 미치는 질환), 쇼그렌증후군(침샘에 영향을 미치는 질환), 류머티스성 관절염(관절에 영향을 미치는 질환), 루푸스(피부, 관절 및 기타 장기에 영향을 미치는 질환) 등을 앓는 여성들의 조직에서 남성 세포를 찾아냈다. 간단히 말하면 태아 세포가 모체의 혈류에 침투할 수 있을 뿐만 아니라 모체의 조직 내부에 영구적으로 정착할 수 있다는 사실이 새천년에 알려졌다. 처음에는 당연하게도 연구자들은 태아 세포의 편입이 면역에 지장을 준다고 생각했다. 2000년 다이애나 비앙키는 '세포의 밀입국'이 모체의 '새로운 질병의 원인'이 될 수 있다고 썼다. 그는 중절된 임신조차 태아 세포의 이동을 초래할 수 있으며, 그 수가 임신 1기 낙태 후 '최대 50만 개'에 이를 수 있다고 밝혔다.[5] 당시 학계에서는 '나쁜 태아 세포' 가설이 정점에 있었다. 하지만 정점을 지나자 의구심이 고개를 들었기 때문에 이 가설은 쇠퇴하기 시작했다.

또다시 실패, 더 나은 실패

어떤 의구심이 고개를 들었을까. 너무 빠르게 자리 잡은 견해에 의문을 제기하게 만든 것은 이번에도 대조군 환자들이었다. 당시 연구자들은 남성 세포의 부정적인 영향을 입증하고 싶어 했기 때문에 대조군을 한 명 이상의 남자아이를 임신한 적 있는 건강한 여성들로 구성했다. 만약 모체 조직에 계속 살아남아 있는 마이크로키메라 세포가 문제의 원인이라면, 건강한 여성은 문제를 겪지 않는다는 것을 의미할 것이다. 하지만 예측은 틀렸다. 건강한 여성들 또한 조직에 남성 세포가 있었고, 때로는 세포의 빈도와 분율도 질병을 겪고 있는 여성들과 비슷했다.[6] 한 연구에서는 대조군 여성 중 자그마치 70퍼센트의 간에서 담관성 간경화에 걸린 여성만큼 많은 남성 세포가 발견되었다.[7] 희귀하고 해롭다고 여겨졌던 남성 세포는 흔하고 무해한 듯했다.

그 후 이 가설은 쇠퇴하기 시작했다. 2001년 보스턴의 다이애나 비앙키 연구팀은 양성 샘종, 갑상샘종, 암, 자가면역질환의 일종인 하시모토병 등의 다양한 상황에 처한 여성들에게서 채취한 갑상샘 표본에 주목했다.[8] 이들 중 48세의 한 건강한 여성은 양성 비대증으로 인해 갑상샘 말단을 제거한 상태였다. 연구자들은 남성 세포를 색출하기 위해 X 염색체는 빨간색으로, Y 염색체는 초록색으로 변하게 하는 형광 탐지자를 사용했다. 이후의 상황을 비앙키는 이렇게 설명했다. "영원히 잊지 못할 광경이었어요. 동료가 현미경을 보라고 했습니다. 현미경을 들여다보니 전체 구역이 초록색 점으로 뒤덮여 있었어요. 완전히 남성 세포 구역이었죠. 연구하는 동안 그런 전율은 처음 느꼈어요. 머리카락이 쭈뼛 서는 기분이었죠."

연구자들은 '선천적으로 다르고 선천적으로 유해하며 이질적인' 태아 세포를 연구했다. 그리고 논문에 나와 있는 것처럼, 이 태아 세포들은 '형태학적으로 구별할 수 없고 여성의 갑상샘 조직과 맞붙어 있는' 것으로 밝혀졌다. 모든 점에서 다른 여성 세포들과 유사했고 모체의 세포들 사이에서 완전히 동화되어 있었다. 남성 염색체의 위치를 탐지하는 형광 염료라는 장치 덕분에 그나마 남성 세포를 식별할 수 있었다. 분간할 수 없을 정도로 자기와 닮아 있는데도 여전히 모든 고통의 책임을 이 비자기에 돌릴 수 있을까? 게다가 이제는 모든 마이크로키메리즘 전문가가 알고 있는 그 여성 환자의 혈액에는 남성 세포가 하나도 없었다. 혈액 채취로만 마이크로키메라 세포를 찾으면서 이야기의 극히 일부만 조명했다고 할 수 있다.

한편 미국의 반대편 끝자락에서 또 다른 환자가 메아리처럼 연구자들을 혼란에 빠뜨렸다. 시애틀에 거주하는 40세의 여성 환자는 바이러스성 C형 간염을 앓고 있었다. 그는 C형 간염 환자 대부분과 마찬가지로 약물 주사를 통해 감염되었다. 4명의 상대와 5회의 임신을 했다. 처음 두 번의 임신은 중절했고, 세 번째 임신으로 아들을 낳았으며, 마지막 두 번은 유산됐다. 생물학자들은 현미경으로 이 여성의 간 조직을 관찰하면서 깜짝 놀라고 말았다. 거기에도 도처에 초록색 점들이, Y 염색체가 한가득 있었기 때문이다.[9] 더 정밀한 유전자 분석 결과에 따르면 남성 세포는 그가 낳은 아들과 현재의 파트너에게서도 유래하지 않았고, 첫 번째와 두 번째 파트너의 유전자와 부분적으로나마 일치했다. 그래서 연구자들은 남성 세포가 초기 두 번의 임신에서 비롯되었을 거라고 추측했다. 17년 전과 19년 전에 낙태한 태아로부터 말이다. 여기서도 남성 세포는 '형태학적으로 여성 세포와 구별할 수 없었다.' 남성 세포는 장기에 완전히 통합된 것처럼 보였다. 게다가 환자가 간염 치료를 중단하기로 하자 오히려 증세가 완화되었다.[10] 마이크로키메라 세포가 이와 관련 있는 것일까? 혹시 바이러스 때문에 손상된 숙주세포를 돕기 위해 왔을까?

의심은 다른 곳으로 옮겨 갔다. "키메리즘은 두려움의 원천이었지만 최후에는 희망의 원천이 될 수 있다." 2005년 아락팅기와 그의 수제자 키아라시 코스로테라니Kiarash Khosrotehrani가 쓴 글이다. 관점이 뒤바뀌기 시작했다. 모체를 '식민지화하는' 남성 세포, 새로운 영토를 '불법으로 점유'하기 위해 태반의 경계를 넘어선 이 '침입자'는 어쩌면 해를 끼치는 게 아니라 모체의 장기를 부축하고 재생시키며 되살아나게 만드는 것일 수도 있었다. 이제껏 질병에 걸린 모체의 모든 손상된 조직에서 이 세포들을 발견했기에 학자들은 이들을 범인으로 간주해왔다. 하지만 사실은 화재가 발생할 때마다 현장에 있었다는 이유로 소방관들을 방화범으로 몰아가는 격이었다. 만약 이 태아 세포들이 소방관이었다면? 어쩌면 화염을 보고 달려오는 소방관처럼 아픈 조직을 찾아온 것이 아닐까? 어찌되었든 간에 염증 현상은 화염 없는 화재와도 같다. 국소적으로 열이 나고 갖가지 화학 분자가 방출된다. 인간의 세포는 앞을 보지 못해도 피부밑 불씨를 감지할 수 있는 센서들로 가득하다. "나는 마이크로키메라 세포들이 나중에 염증 부위에 도착한다고 확신합니다." 파리 코친병원 피부생물학연구소 소장 아락팅기는 이렇게 단언했다. 이 부분은 나중에 다시 살펴보자.

밀입국 노동자

지금으로서는 아직 퍼즐의 한 조각이 부족하다. 이 세포들은 어쩌면 갑상샘세포나 간세포와 닮았을 수도 있지만, 정말 그럴까? 정말로 이 장기들에 특수화된 세포로 변신했을까, 아니면 겉보기에만 그럴까? 이어지는 발견에 흥미를 느낀 여러 연구팀이 이 남성 세포를 명확하게 규정하는 도전 과제에 발 빠르게 착수했다. 단순히 Y 염색체의 존재를 넘어서 어떤 유전자가 그들의 핵에서 활성화되는 걸까? 어떤 단백질이 만들어지는 걸까? 인간 세포의 흥미로운 점은 세포가 환경에 따라 자신의 유전적 역할을 다르게 해석한다는 것이다. 간세포는 갑상샘세포나 혈액세포와 동일한 DNA 조각을 활성화하지 않는다. 그러므로 세포들은 동일한 단백질을 생산하지 않는다. 논리적인 동시에 다행스럽게도 우리는 간세포에게 갑상샘세포와 똑같은 것을 요구하지 않는다.

그러면 마이크로키메라 세포는 무엇을 요구받았을까? 겉보기에는 토착 세포와 같은 역할을 요구받은 것 같다. 무리에 통합되어 세포가 자리 잡은 장기의 설명서를 따르도록 말이다. 간단히 말하면 다른 세포들처럼 노동자가 되는 것이다. 이것이 코스로테라니가 논문에서 증명한 내용이다.[11] 12세 때 이란에서 프랑스로 온 이 젊은 연구자는 처음에 아락팅기의 피부과에서 인턴 과정을 거쳤다. 이후 카로셀라의 연구실에서 연구석사 학위를 취득하고 나서 비앙키의 연구팀에서 논문을 쓰기 위해 보스턴으로 날아갔다.

이전 연구의 표본을 다시 살펴본 코스로테라니는 태아 세포들이 자신들이 정착한 곳과 접해 있는 보체 세포들과 같은 단백질을 발현한다는 것을 증명했다. 또한 제대혈(갓 태어난 아기의 탯줄에서 얻은 혈액―옮긴이), 그러니까 태아로부터 직접 유래한 혈액에서 채취한 태아 세포는 그 단백질을 생산하지 못한다는 것을 보여주었다. 태아 세포가 우선 여러 모체 조직에 정착한 이후 단백질 생산 능력을 습득한다는 것을 암시하는 현상이다. 코스로테라니는 그때의 발견을 놀라워하며 말했다. "2001년 비앙키의 연구팀에 합류할 당시 나는 마이크로키메라 세포들이 자가면역 문제와 연관 있다는 생각에 빠져 있었습니다. 우리는 이 세포가 숙주를 공격할 수 있는 면역세포와 관련 있다고 생각했어요. 그러고 나서 갑상샘과 간에 대한 논문이 발표되면서 의구심이 들기 시작했습니다. 우리는 태아 세포가 실제로 모체 조직에 통합된다는 것과, 면역세포만이 아니라 공동의 노력에 참여하는 모든 종류의 세포가 관련되어 있음을 증명했습니다." 그는 현재 오스트레일리아 퀸즐랜드대학교에서 피부 임상연구소를 이끌고 있다.

사회학자 아린 마틴은 "태아 세포들은 의심스러운 방랑자에서 새 보금자리에 정착한 생산적인 이주민으로 바뀌었다"라고 분석했다.[12] 연구자들은 여전히 태아 세포를 우리 안의 외부인이라고 생각했지만, 이 외부인은 신분이 바뀌면서 긍정적인 존재로 받아들여졌다.

인간은 여전히 신체를 국경에 둘러싸인 국가에 비유하지만,

이 국경이 투과될 수 있으며 그게 좋은 점이란 사실은 인정한다. 그러나 변하지 않는 것은 '태아 세포'라는 표현 자체다. 요즘도 마이크로키메리즘에 관한 논문 대부분에서 찾아볼 수 있는 표현이다. 마치 이 세포들의 현재 위치와 임신한 후 지난 세월에 상관없이 여전히 태아에게 속해 있는 것처럼 말이다. 그러나 이 세포들은 여성의 몸으로 이주한 후 초기의 상황과는 매우 다른 환경에서 대대적인 분열 과정을 거쳐왔다. 그런데도 그저 태아 세포의 머나먼 후손일 뿐인 이들을 태아 세포라고 부를 수 있을까? 마틴에 따르면 "이러한 표현은 태아뿐만 아니라 세포 자체에도 인격과 의지를 부여하는 매우 전형적인 방식입니다."

그는 낙태에 반대하는 미국의 생명 친화적 운동가들이 마이크로키메리즘 연구를 이용할 수 있음을 처음으로 경고했다. 한 인간의 생명이 임신에서 시작된다고 여기는 이 운동가들에게 마이크로키메리즘은 낙태된 태아의 세포들이 나타내는 삶에 대한 의지처럼 보일 수 있다. 어떤 의미로는 이 세포들이 자신들이 해체된 원인을 '이해'할 수 있는 것처럼 보일 수 있었다.

여기서 우리의 세계관이 과학적 해석을 얼마나 가공할 수 있는지를 알 수 있다. 그리고 관찰에 의미를 부여하면서 우리의 생각을 얼마나 투영하는지를 이해할 수 있다. 이것이 바로 비끄러운 비탈길 논증(사소한 것을 허용하면 연쇄적으로 오류가 확대될 수 있다는 논증-옮긴이)이다. 왜냐하면 신념을 확인하고자 하는 열망은 대부분 이해하고 싶어 하는 열망 뒤에 숨어 있기 때문이다. 그렇기에 생명 친화적인 낙태 반대 운동가들이 보기에는 낙태된 태아의 세포가 영원히 엄마 주변을 맴돌며 응징하기 위해 온갖 질병을 유발하는 것일 수도 있다.[13] "하지만 세포들은 절대 의도적으로 행동하지 않습니다. 자신이 속해 있던 사람의 의도를 품고 있지도 않고요." 마틴은 이처럼 반복되는 해석에 지친 듯 힘주어 말했다. 마틴이 논문을 발표하면서 교류한 여러 연구자는 그의 연구에 강한 인상을 받은 것 같았다. 어느 날 저녁, 넬슨은 더 이상 '태아 세포'가 아니라 '태아 유래 세포'라고 부르고 있다고 설명했다. 실제로 세포들은 태아에게서 유래했지만 태아에게 속해 있지는 않다. 생명 친화 운동가들의 주장에 관해 넬슨은 오히려 임신 초기 중절이 마이크로키메리즘에 도움이 된다고 넌지시 말했다. "임신 초기의 낙태가 만삭 출산보다 여성의 몸에 더 많은 태아 유래 세포를 유발해요. 게다가 임신 초기의 이 세포들은 재생 가능성이 더 클 수도 있습니다." 만약 이 세포들이 지속되고 회복된다면 낙태는 젊음의 활력소가 될지도 모를 일이다.

미래로의 회귀

“미래는 우리를 고통스럽게 만들고 과거는 우리를 붙잡는다.

그래서 우리는 현재를 놓친다.”

• 귀스타브 플로베르 •

남성 독자들의 얼굴이 벌써 어두워지는 모습이 보인다. 진화론적으로 남성은 자궁이 없어서 임신할 수 없다. 그렇기에 태아의 세포를 물려받지 못한다. 논리적으로 보면 남성 독자들은 이 모든 이야기에서 배제되었다고 느낄 수 있다. 어쨌든 여성이 회수하는 태아 세포의 절반은 남성의 유전자로 이루어져 있다는 것을 명심하길 바란다. 사랑하는 사람의 몸에 지워지지 않을 흔적을 남긴다니 기뻐할 사람도 있을 것 같다. 하지만 이 책을 덮진 마시길. 남성들도 마이크로키메리즘과 연관되어 있으니 말이다. 타자를 거주시키기 위해서 꼭 엄마가 되어야 하는 건 아니다. 모두가 살면서 임신하진 않더라도 모두가 배 속에서 여러 달을 보냈기 때문이다. 우리가 자궁 안에서 우리의 세포를 태반의 반대편으로 보내기만 하는 건 아니다. 엄마에게서 건너온 세포를 받아들이기도 한다. 맞교환하는 셈이다. 그러므로 우리 모두는 마이크로키메라다.

연구자들은 태아에게서 엄마에게로 세포가 전달될 수 있다는 사실을 알게 된 지 한참이 지난 최근에야 그 반대로도 세포가 전달될 수 있음을 밝혀냈다. 그러나 분자가 태반을 통과할 수 있다는 것은 오래전부터 알려져 있었다. 예를 들어 알코올, 약물 또는 살균제로 사용되는 메틸렌블루는 아기의 성장에 악영향을 미친다. 마찬가지로 크기가 더 큰 바이러스와 박테리아도 태아에게 전달되어 지속적으로 피해를 줄 수 있다. 독일 산부인과 의사 프란츠 폰 빙켈Franz von Winckel이 1890년에 이미 주장한 내용이기도 하다. "대부분의 병원성 미생물은 태반 장벽을 통과하고 자궁 내 태아의 감염을 일으킬 능력이 있다."

1960년대 초 수천 명의 아기가 엄마가 복용한 약 때문에 기형으로 태어났다. 탈리도마이드라는 이 약은 임신으로 인한 메스꺼움을 완화하기 위해 처방되었다. 제약 회사는 어떻게 변론했을까? 화학 분자가 태반 장벽을 통과할 수 있다는 사실을 몰랐다는 것이었다.[1] 언론과 학술지에서도 이 문제를 다시 폭넓게 다루기 시작했다. 스캔들은 점차 발견으로 바뀌었다. 학자들은 탈리도마이드 덕분에 태반이 '보호 장벽'이 아니라는 것을 깨달았다. 사실 이 비극은 무엇보다도 임신부에 대한 의약품 허가와 감시 메커니즘에 내재한 결함에서 비롯되었다. 태반을 철통같은 경계망으로 여기지 않은 지는 오래였다.

화학 분자와 미생물 세포가 태반을 가로지를 수 있다면 모체 세포들은 왜 안 되겠는가? 물론 모체 세포가 훨씬 크긴 하지만 말이다. 그러나 어쨌든 거대한 영양막세포들은 반대 방향의 길을 찾았다. 세포들이 모체에서 태아로 전달되었다는 최초의 증거[2]가 나타난 시기는 1963년으로 거슬러 올라간다. 캘리포니아 스탠퍼드 출신의 두 의사가 엉뚱한 실험을 했다. 출산을 몇 시간 앞둔 임신부 9명의 혈액을 채취했다. 그리고 혈액에 형광 염료를 주입해 세포 내부에 빠르게 흡수시킨 다음 곧바로 자궁 동맥을 통해 그 임신부들에게 다시 수혈했다. 20분에서 길게는 14시간 후 9명의 임신부 모두가 출산을 했다. 두 의사는 신생아에게 직접 바늘을 찌르는 대신 아직 피가 남아 있는 탯줄에서 혈액 표본을 채취했다. 현미경으로 들여다보니 염료로 표시된 세포들을 나타내는 형광 반점들이 있었다. 따라서 이 세포들은 틀림없이 모체에서 유래한 것들이었다. 그중에는 적혈구와 백혈구도 있었다.

혈액학 분야의 국제 학술지 《블러드Blood》에 게재된 두 의사의 논문에는 다음과 같이 언급되어 있다. "이러한 키메리즘은 일부 개체가 정자와 난자 사이의 부모 결합으로부터 유래한 세포들로만 구성된 것이 아니라 모체 유래 세포들도 지니고 있음을 의미한다." 또한 두 의사는 흰 탯줄에서 헥이 여러 개인 태아의 영양막세포가 형광으로 반짝이는 것을 보고 깜짝 놀랐다. 그렇다. 한 세기 앞서 게오르크 슈모를이 태아에서 모체로 세포가 이동한다고 의심하게 만든 그 세포였다. "영양막세포는 양방향으로 태반을 건너갔다 왔다고 봐야 한다. 모체에서 채취해 시험관 안에서 표시한 혈액 표본의 세포들만 형광을 띨 수 있었기 때문이다." 두 사람은 이미 모체의 세포들이 질병에 미치는 영향에 관심을 두고 있었다.

가로등 불빛 아래

그랬다. 여기서도 처음에 태아의 혈액 속에서 배회하는 모체 유래 세포가 문제의 원인으로 여겨졌다. 사람들은 즉시 이 모체 유래 세포가 아기에게 해를 끼칠 수도 있다고 생각했다. 세포를 발견한 연구자들은 여러 임상 사례에서 이 세포가 비극의 원인이 될 수 있다고 언급했다.

1965년 한 살짜리 남자아이가 매우 위급한 상태로 미시간대학병원에 도착했다. 아이는 다발성 감염과 심각한 피부 염증을 겪고 있었고 생후 3개월 이후로 성장이 멈춰 있었다. 다양하게 분석한 의사들은 아이의 혈액과 림프절에서 XX 염색체를 가진 면역세포를 발견했다. 의사들은 이 여성 세포가 모체에서 유래했을 거라고 추정했다.[3] 두 가지 가설이 떠올랐다. 아이의 면역 체계가 작동하지 않았기 때문에 '외래 세포'의 '이식'이 가능해졌거나, 모체의 세포가 직접 아이의 면역 체계를 파괴했을 수도 있다는 것이었다. 당시 대부분의 전문가는 '비자기에 저항하는 자기'의 면역학설에 젖어 있었기에 병리학적 과정으로만 모체 세포의 존속을 설명할 수 있을 듯했다.

의사들은 태아 유래 마이크로키메리즘 현상이 거울 속에서 좌우가 반전된 것처럼 병든 남자아이에게서 여성 세포를 찾기 시작했다. 문제는 어떻게 XY 세포의 바다에서 XX 세포를 찾느냐였다. 여성의 X 염색체 사이에서 길을 잃은 하나의 Y 염색체를 찾는 것은 할 만한 일이었지만 남성도 X 염색체를 가지고 있는데 말이다. 때문에 다른 접근법을 찾아야 했다. 처음 고안한 방법은 각각의 세포핵을 검사해서 X 염색체가 한 개뿐인지 두 개인지 확인하는 것이었다. 이 방법은 엄청난 노력이 수반되었다. 이후 1990년대 후반에 개발된 방법들 중 하나는 사람의 성별과 무관한 HLA 표지자를 이용하는 것이었다.

어쨌든 연구자들은 면역반응이 심각하게 억제되거나 태어난 지 몇 년이 지난 후에도 자가면역질환이 있는 아기들에게서 두 개의 X 염색체를 가진 세포들을 관찰했다.[4] 놀랍게도 산모의 종양 세포 역시 태반을 넘어와 태아에 이식되어 신생아 암을 일으킬 수 있다는 사실도 밝혀냈다.[5] 한 세기 동안 지크문트 프로이트Sigmund Freud의 이론에 의해 지펴진 산모들의 죄책감은 임신 중에 약물이 전파될 수 있다는 이야기들 때문에 증폭되었다가 이 발견으로 다시 한번 가중되었다. 세포를 아기에게 물려주면서 가장 나쁜 결함까지도 전파할 수 있다는 뜻이었기 때문이다.

사실 여기서도 가로등 이론이 또다시 적용된다. 가로등의 희미한 빛은 이야기의 극히 일부만 비춘다. 어둠 속 가려진 부분은 당시 면역학에서 지배적이었던 학설에 해당한다. 연구가 진전될수록 많은 것이 명백해졌다. 이 모체 세포는 아픈 신생아에게만 있는 것이 아니라 어디에나 있고 모든 탯줄에도 있다.[6] 그러니까 무척 건강한 아기들까지 포함해서 모든 아기에게 있다. 마치 면역학설을 과도하게 뒤엎지 않으려는 듯, 연구자들은 이것이 임신이나 출산과 관련된 일시적 현상이라고 추측하며 건강한 아이들의 면역 체계가 결국 비자기를 제거한다고 생각했다. 이 생각은 또다시 틀렸다고 밝혀졌다.

가로등 불빛 너머

1999년 리 넬슨 연구팀은 마침내 건강한 아이와 성인들을 향해 조명을 이동시켰다.[7] 이번에도 연구팀은 32가구에서 모체의 HLA 표지자를 조사했다. 놀랍게도 검사받은 사람 중 절반 이상의 혈액에 모체 세포가 있었다. 심지어 40년이 지난 후에도 그랬다. "말도 안 되는 듯하지만, 이 세포들이 건강한 아이와 성인들의 몸속에 계속 살고 있는지 확인해볼 생각을 아무도 못 했던 겁니다"라고 말하며 넬슨은 여전히 놀라워했다. "연구하기 전에는, 오래 지속되는 모체 세포 가설을 주장했다가 미쳤다는 말을 들을까 봐 두려웠습니다. 처음에는 이 가설을 각주로 달았어요. 하지만 우리는 태아 유래 세포가 건강한 산모를 포함한 모든 산모의 몸속에서 일평생 머무를 수 있다는 것을 몇 년 전부터 알고 있었어요. 그러면 왜 모체 세포는 안 되는 걸까요? 아마도 엄마의 세포를 간직한다는 생각은 사람들의 환심을 적게 샀던 것 같아요."

하지만 그 견해를 받아들여야 할 것 같다. 최근 데이터에 따르면 모든 인간은 아마도 때로는 정맥, 대부분은 다른 곳에 모체 유래 세포를 지니고 있다. 이 세포들은 신체 기관의 주름 속에 감춰져 있다. 태아 세포처럼 모체 유래 세포도 장기 안에 정착해 거의 눈에 띄지 않게 안으로 통합되고 오래도록 머무를 수 있기 때문이다.

2003년 소아과 의사이자 유전학자 주디스 홀Judith Hall은 이렇게 썼다. "당신의 어머니가 여전히 당신 등에 업혀 있다고 생각하시나요? 어머니는 정말로 당신의 등 '안'에 있을 수 있어요."
태어난 지 며칠 후 사망한 신생아의 흉선, 갑상샘, 간, 피부, 비장을 연구하여 모체 세포의 침투 능력을 입증한 다이애나 비앙키 연구팀의 새 논문에 대한 반응이었다.

몇 달 후 넬슨 연구팀은 일반적으로 자궁 내에서 발생하는 희귀 질병 '신생아 루푸스'로 사망한 아기 4명의 심장 안에서 모체 세포를 발견했다.[8] 이 마이크로키메라 세포는 채취한 표본의 전체 세포 중 최대 2.2퍼센트까지 차지했다. 아기의 심장에 그렇게 대량으로 정착함으로써 외래 세포들이 면역 체계의 표적이 되어 자가면역질환인 루푸스를 일으킨다고 연구자들은 생각했을까? 여기서 일부 자가면역질환이 사실 우리 자신이 아니라 마이크로키메라 세포에 대한 공격이라는 넬슨의 초기 가설을 떠올릴 수 있다. 그러나 일부 세부 사항이 넬슨의 가설과 들어맞지 않았다. 우선 다른 원인으로 사망한 대조군 아기 4명 중 2명도 심장에 모체 세포가 있었다. 하지만 연구자들은 이 마이크로키메라 세포의 80퍼센트가 다른 심장 세포와 동일한 단백질을 발현한다는 것을 알아차렸다. 이 세포들은 아기의 세포를 공격하는 면역세포가 아니라 이웃 세포를 도와 싸울 준비가 된 심장세포였다. 유일한 차이점은 이 세포들의 핵에는 신생아가 아닌 임마의 DNA가 포함되어 있다는 것이었다.

무언가가 떠오르지 않는가? 1년 전 같은 연구팀은 정반대 현상을 관찰했다. 태아 유래 세포가 모체에서 갑상샘세포와 간세포로 변형되었던 현상 말이다. 여기서도 모체 세포가 공격이 아니라 협력하기 위해 애쓰며 태아의 장기에 지원군으로 올 수 있지 않을까? 그래서 연구자들은 대안적 해석을 시도했다. "모체 세포 영입은 손상된 심장근육을 재생시키려는 후속 시도로서 질병의 경과에서 2차적 사건일 수 있다."

이 가설은 꽤 유혹적이어서 엄마들이 죄책감에서 벗어날 수 있다. 엄마의 세포들은 아기들을 돕고, 고장 난 세포를 지원하고, 질병으로 손상된 심장이 계속 뛰도록 만들어주고 있었다. 정말 아름다운 이야기이지 않은가? 다만 지금으로서는 대부분 여성인 소수의 학자가 내세우는 하나의 가설일 뿐이다. 남성이 지배적인 과학계의 일부 남성 학자들은 이 가설을 여성 학자들의 환상, 과학적 해석을 편향시킬 수 있는 열망의 투영으로만 본다.

그러나 4년 후 넬슨은 다시 한번 관찰했다. 게다가 이번 연구에는 5명의 남성을 포함한 13명의 과학자가 공동으로 참여했다.[9] 연구팀은 제1형 당뇨병 환자에 관심을 가졌다. 일반적으로 어린 나이에 시작되는 제1형 당뇨병은 인슐린을 생산하는 췌장의 세포를 파괴하는 자가면역질환이다. 연구팀은 초기에 2세에서 25세 사이의 당뇨병 환자 94명을 포함한 172명을 연구했다.

성별은 중요하지 않았다. 연구팀은 단순한 여성 세포가 아니라 엄마의 특수한 HLA 표지자를 찾았다. 첫 번째 결론은 그렇게 깜짝 놀랄 만한 것은 아니었다. 대조군의 혈액보다 어린 환자의 혈액에서 더 많은 모체 세포가 발견되었다. 이후 연구자들은 4개의 췌장을 해부했는데, 그중에는 당뇨병으로 사망한 11세 남자아이의 췌장도 있었다. 연구자들은 이 남자아이의 표본에서 인슐린을 생산하는 수십 개의 모체 세포를 발견했다. 다시 말해서 아이의 췌장이 스스로 인슐린을 생산할 수 없게 되었는데도 모체 세포가 아이에게 필수적인 이 호르몬을 공급해주고 있었다.

이전 연구에서와 같이, 연구자들은 당뇨병 이외의 원인으로 사망한 대조군 아이 3명의 췌장에서도 기능성 모체 세포를 발견했지만 수가 더 적었다. 마지막으로, 이들 외래 세포에 대한 어떠한 면역반응의 흔적도 관찰되지 않았다. 외래 세포는 숙주세포들 사이에서 원래부터 존재하던 것처럼 받아들여지는 듯했다. "모체의 마이크로키메리즘은 자녀의 몸에서 특정한 세포 기능에 구성적으로 기여한다"라고 연구자들은 결론 내렸다. 연구자들은 연구 결과를 넘어서서 더 멀리 내다보았다. 자녀가 아플 때는 모체 세포가 "기능을 회복하고 병든 조직을 재생하는 데 관여할 가능성이 매우 높다." 물론 기능성 모체 세포가 파괴된 장기에서 발견되었으나 불행히도 이 마이크로키메리즘은 아이를 구하지 못했다. 그런데도 일부 연구자들은 벌써 마이크로키메라 세포가 언제든 장기를 도울 준비가 된 돌아다니는 작은 구급상자가 아닐지 꿈꾸기 시작했다. 어쩌면 이 보이지 않는 상속은 늘 엄마를 따라다니던 죄책감을 떨쳐내도록 해줄지 모른다.

연구의 공동 저자 나탈리 랑베르Nathalie Lambert는 "당시에는 그저 연관 지을 수 있는 정도일 뿐이었다는 점을 인정해야 합니다. 우리는 기능적인 연구가 부족했기 때문에 혹독한 비판을 받았습니다"라고 말했다. 1997년부터 2003년까지 넬슨의 연구실에서 6년을 보낸 그는 프랑스로 돌아가 마이크로키메리즘을 계속 연구하고자 했다. "하지만 연구원 선발 시험을 치르면서 주제가 너무 혁신적이고 관점이 불충분하다는 지적을 들었습니다." 랑베르는 마르세유에 있는 '류머티스성관절염면역유전학Immunogénétique de la Polyarthrite Rhumatoïde'이라는 연구소에 들어가 열정을 이어나가고 있다. 그는 특히 류머티스성 관절염과 마이크로키메리즘의 연관성을 연구하고 있다. 또한 '모체 유래 세포와 태아 유래 세포가 한 몸에 공존하는 유일한 순간'인 임신에도 초점을 맞추고 있다. 그는 임신 초기에 모체 유래 세포의 혈중 수치가 가장 높은 여성들이 다른 사람들보다 나중에 태아 유래 세포를 덜 수용하는 경향이 있다는 것을 관찰했다. "마치 과거의 키메라와 미래의 키메라가 경쟁하는 것처럼 말이죠."

V
자기 안의 타자

"자연의 법칙에는 예외가 없지만

자연주의자들의 법칙에는 예외가 있다."

• 조르푸아 생틸레르 •

1953년 3월 매케이McK라는 익명의 한 여성이 영국 북부의 병원에서 헌혈을 했다. 생물학자들은 그의 혈액형을 알아내기 위해 혈액을 다양한 항체와 섞은 후 실수했다고 생각했다. 적혈구가 O형이면서 A형이었기 때문이다. 반세기 전 증명된 사실대로라면, 인간은 O형이나 A형 혹은 B형이나 AB형이어야 한다. 절대 동시에 두 가지 유형일 수 없다. 생물학자들은 여러 차례 다시 검사해봤지만 결과는 같았다. O형인 동시에 A형이었다. 더 정밀하게 조사하기 위해 이들은 혈액 표본을 런던에 있는 혈액형 전문가 로버트 레이스Robert Race에게 보냈다. 결과를 확인한 레이스는 당혹스러웠다. 그렇지만 이미 약 10년 전에 비슷한 사례 하나가 학술지에 보고된 적이 있었다. 권위 있는 과학 저널 《사이언스Science》에 한 미국 청년이 쌍둥이 소에서 동일한 현상을 관찰했다는 논문이 실렸다. "혈액세포는 두 쌍둥이의 혈액에 정착할 수 있는 것 같다. 그리고 숙주의 세포와는 별개의 세포를 아마도 평생 제공하는 듯하다." 1945년 레이 오언Ray Owen이 쓴 글이다.[1] 그로부터 몇 년 후 그는 논문을 발표했지만 큰 주목을 받지는 못했다.[2] 오언은 자신의 예언적 논문에서 이러한 세포 교환이 어머니와 태아 사이에도 존재할 수 있다고 추측했다. 그래서 연구자들은 매케이 부인에게 쌍둥이 자매가 있는지 물었고 부인은 깜짝 놀라며 이렇게 답했다. "네, 쌍둥이 형제가 있었는데 세 살 때 죽었어요."

레이스의 기록을 보면 '예상 밖으로 중요할지 모를' 이 '엄청난' 사례에 대한 흥분이 드러나 있다.[3] 소의 경우 이란성쌍둥이일 때 암컷들은 일반적으로 중성으로 태어나 불임이 된다. 과학자들은 이런 소를 '프리마틴freemartin'이라 칭하고 축산업자들은 '암수소'라 부른다. 하지만 아이를 출산한 적 있는 28세의 매케이에게는 해당하지 않는 일이었다. 게다가 조사한 (남성) 연구원들의 지적처럼 매케이는 '남성 배우자의 마음을 사로잡아 결혼할 만큼 외형이 충분히 매력적'이었다.

연구원들은 매케이와 가족의 혈액을 다시 채취해서 분석했고, 그의 세포는 O형이며 죽은 쌍둥이 형제의 세포는 A형이라는 결론을 내렸다. 레이스는 생물학자 피터 메더워Peter Medawar에게 보내는 서신에서 흥분을 표했다. "30년 전 죽은 사람의 혈액형을 알아낼 수 있다니 정말 놀랍지 않나요?" 레이스는 몇 년 후에 다음과 같이 썼다. “매케이 부인이 언제까지 키메라로 남을지 알 수 없지만 28년째 그 상태를 유지하고 있다. 아마도 장기적으로 볼 때 쌍둥이 형제의 적혈구는 천천히 사라지면서 아직 치르지 못한 그의 죽음에 대한 미불금을 갚을 것이다.”[4]

1953년 7월 《영국 의학 저널British Medical Journal》에 레이스와 동료 연구원들이 발표한 논문에[5] 처음으로 ‘키메라’라는 용어가 등장했다. 레이스는 ‘적절한 제목을 만들기 위해서’였다고 말했다. 이 용어가 ‘부적절한 병렬’을 잘 반영하기 때문이다. 이렇게 해서 겉보기에 다른 사람들과 다르지 않은 이 건강한 여성은 하루아침에 과학자들의 눈에 ‘부적절한’ 생명체가 되었다. 괴물이 된 건 그저 한 가지 이유에서였다. 자연법칙을 위반했다는 것이다.

하지만 사실 여기서 위반된 건 자연법칙이 아니라 과학자들이 자연에 부여한 법칙이라고 사회학자 아린 마틴은 분석했다.[6] 면역학 법칙에 따르면 이 ‘외래’ 세포는 기능적인 유기체 안에서 용인될 수 없었다. 다만 배아가 발달하면서 세포들이 통합되는 경우는 예외적으로 인정되었다. 그 시기에 면역 체계는 아직 자기와 비자기를 구별하는 법을 모른다. 면역 체계는 심지어 무엇이 자기인지 모를 수도 있다. 이것이 바로 ‘태아 면역관용’으로, 비자기 세포가 발달 중에 충분히 일찍 침입하면 그 세포는 자기로 받아들여진다는 이론이다. 그렇게 타자의 자기는 완벽하게 내면화된다.

평범한 괴물

레이스와 그의 동료들은 '키메라'라는 단어를 선택함으로써 이 세포들의 존재를 유해한 변칙과 연관 지어서 수십 년간 유목민 세포 연구자들에게 영향을 미쳤다. 심지어 반세기가 지나 모든 사람이 몸속에 외래 세포를 보유하고 있다는 사실이 밝혀졌을 때도 연구자들은 그 정도가 미세하다며 '마이크로micro'라는 접두사를 붙여 키메리즘이라는 표현을 계속 사용했다. 마치 우리 각자의 안에 미세하고 평범한 괴물이 살고 있는 것처럼 말이다. 내가 조사하면서 대화한 모든 연구자는 이 세포들을 확실히 신화 속 괴물과 연관 지었다. 심지어 다이애나 비앙키의 연구실에는 1553년 이탈리아 토스카나 아레초에서 발견된 조각상의 복제품이 놓여 있었다. 사자 머리를 가지고 등에는 염소 머리가 이식된 듯 붙어 있으며 꼬리 끝에는 뱀이 달린 키메라를 형상화한 조각상이었다. 또 다른 예로 이 신화적 용어는 2021년 개봉된 알리스 디오프 감독의 영화 〈생토메르Saint Omer〉에도 영감을 주었다. 영화에서 영아를 살해한 엄마의 변호사는 구두 변론에서 피고의 괴물 같은 행동을 설명하기 위해 키메리즘을 광기의 근원으로 표현했다.

최초의 인간 키메라가 발견된 후 이란성쌍둥이 중에서 유사

사례들이 보고되었다. 이 현상은 일란성쌍둥이에게서는 발견할 수 없다. 일란성쌍둥이는 같은 DNA를 공유하기 때문이다. 매케이 부인 같은 경우는 혈액세포만 교환했다. 이란성쌍둥이의 약 8퍼센트와 세쌍둥이의 약 21퍼센트는 이처럼 혈액에 '자궁 동반자'의 세포를 가지고 있었다.[7]

그러나 태아 세포나 모체 세포와 마찬가지로 쌍둥이의 세포는 다른 곳에도, 그러니까 모든 장기에 통합될 수 있다. 예컨대 이 세포들이 자궁에서 다른 쌍둥이의 몸 어디에 언제 들어오는지에 따라 신장의 일부를 형성할 수도 있고 장기의 100퍼센트를 구성할 수도 있다.[8] 이 세포들의 존재는 대부분 눈에 띄지 않는다. 때때로 이 세포들은 홍채의 구성 요소로 사용되어 양쪽 눈 홍채의 색이 서로 다른 홍채 얼룩증을 초래한다. 혹은 피부의 일부 지점에 통합되어 다른 색상의 반점을 생성한다. 더 큰 문제는 이 세포들이 생식기관에서도 발견될 수 있는데, 세포가 다른 성염색체를 지니고 있다면 이상 발달을 초래할 수 있다는 것이다.[9] 나중에 알아보겠지만, 실제로 난소 조직을 형성하는 여성 세포의 옆에서 남성 세포가 고환으로 변형될 수 있다. 2021년 프랑스에서 쌍둥이 출산은 전체 분만의 1.5퍼센트를 차지했다. 특히 보조 생식 기술이 점차 많이 사용되고 신모의 연령이 높아지면서 비율이 계속 증가하고 있지만 세포 교환의 영향을 그렇게 강하게 받는 사람은 매우 드물다.

쌍둥이 형제와 함께 태어나야만 키메리즘 현상을 겪는 것은 아니다. 매케이 부인 사례가 발견된 지 반세기 후 또 다른 '놀라운 사례'가 모자 관계와 유전에 대한 개념을 뒤엎었다. 캐런 키건Karen Keegan이라는 52세 여성은 의사에게서 이제 신장 이식을 고려해야 한다는 말을 들었다.

인간은 두 개의 신장을 가지고 있고 하나만으로도 살 수 있기 때문에, 이식외과 의사들은 일반적으로 살아 있는 기증자로부터 채취하는 것을 선호한다. 이 경우 먼저 환자의 가족 중에서 가능성 있는 기증자를 찾는다. 의사들은 캐런의 어머니와 두 남자 형제, 세 아들을 검사했다. 초조한 마음으로 결과를 기다리던 캐런은 죽을 때까지 잊지 못할 말도 안 되는 전화를 받았다. "부인, 믿기 어려운 소식을 전해야 할 것 같습니다. 이런 경우는 저희도 처음 접하는데, 아드님 두 분이 부인의 DNA와 일치하지 않습니다." 검사 결과는 명백했다. 세 아들은 몇 년 전 세상을 떠난 같은 아버지에게서 나왔다. 그러나 한 아들만 어머니의 유전자 표지자가 있었다. 일부 의사들은 숨겨진 출생의 비밀처럼 산부인과에서 아이가 바뀌었는지 의심하기 시작했다. 반면 연구팀의 린 울Lynne Uhl이라는 의사는 확신했다. "캐런은 분명 세 아이의 친모였습니다. 이 발견을 설명할 만한 이유를 더 면밀히 찾을 필요가 있었습니다."[10]

의사들은 캐런의 피부, 머리카락, 수술 후 보존해둔 갑상샘 조직 조각 등을 조목조목 검사했고 일부 표본에서 상이한 두 세포 집단을 발견했다. 세포 집단 하나는 그의 혈액세포와 '진짜' 아들의 세포와 완전히 동일했고, 다른 하나는 나머지 두 아들의 세포와 일치하는 유전 표지를 가지고 있었다.[11]

한 몸에 결합한 두 가지 유전적 정체성은 쌍둥이들을 통해 어느 정도 익숙한 일이다. 하지만 캐런은 매케이 부인과 달리 쌍둥이로 태어나지 않았다. 산부인과 진료 기록에서 볼 수 있듯 외동 출산으로 태어났다. 그렇다면 대체 무엇이 그의 몸을 이 정도까지 차지할 수 있었을까?

태어난 적 없는 엄마

수사관처럼 증거물을 수집하기 시작한 연구자들은 한 가지가 부족하다는 사실을 금세 깨달았다. 진료 기록부는 첫 초음파 검사를 통해서만 캐런이 자궁 속에 홀로 있었다는 것을 입증했다. 그렇다면 그전에는 어땠을까? 캐런 모친의 자궁을 처음 들어다보기 전이라면? 또 다른 배아가 캐런과 모태를 공유하다가 초음파검사를 받기 전에 사라졌을 수도 있지 않을까? 가능한 시나리오일 뿐만 아니라 생각보다 훨씬 자주 일어나는 일이다. 일부 자료에 따르면[12] 외동 임신의 10~30퍼센트는 사실 두 개의 배아에서 시작된다. 이 배아들은 발달하면서 극초기에 하나로 합쳐지거나 며칠 후에 한 배아가 살아남은 배아에게 세포를 물려주면서 사라질 수도 있다. 이 배아를 사라진 쌍둥이 또는 유령 쌍둥이라고 부른다. 의사들로서는 캐런의 말도 안 되는 상황을 설명할 수 있는 유일한 시나리오였다.

"쌍둥이 자매가 있을 뻔했죠"라고 2003년 한 의사가 설명했다.[13] "원래 두 개의 수정란은 딸이었습니다. 그리고 이 수정란들이 발달 극초기 단계에 합쳐졌을 때 아마도 태내에서 서로 가까웠기 때문이거나 아직 알려지지 않은 이유로 [캐런이] 상이한 두 개의 세포계를 가지고 발달한 겁니다." 두 개의 세포계는 난소 내부에서도 발달했다. 그렇게 해서 일부 난자는 캐런의 유전적 프로필을 가지고, 다른 일부 난자는 사라진 쌍둥이 자매의 유전적 프로필을 가지고 있었다. 따라서 정자가 어떤 난자를 향해 달려드는지에 따라 캐런은 자기 아이를 낳을 수도 조카를 낳을 수도 있었다. 실제로는 엄마가 존재한 적 없던 '조카' 말이다.

이 기막힌 발견 덕분에 캐런에게 적어도 한 가지 이점이 생겼다. 그는 두 개의 유전적 프로필이 혼합된 사람이기 때문에 기증자를 찾을 가능성이 더 컸다. 그러나 그의 키메리즘 현상은 아찔한 질문을 제기한다. 두 개의 유전적 정체성이 상당한 비율로 공존한다면 어느 것이 자기를 나타낼까? 정맥에 주로 흐르는 것일까? 뇌를 구성하는 것일까? 아니면 생식세포에 숨어 있는 것일까? 아니면 두 개의 자기를 가지고 있다고 해야 할까? 일종의 '추가적 존재'를 가지고 있는 걸까? 심지어 일각에서는 '하나의 키메라에게는 몇 개의 영혼이 있는가?'라는 질문으로까지 확장됐다.[14] 이 현상이 이중인격을 유발한다고 가정할 수 있을까?

캐런은 엄마로서 자신의 위치에 관해 곰곰이 생각하다가 이런 의문을 떠올렸다. '첫째 아이와 둘째 아이는 내가 진짜 엄마가 아니라고 생각하게 될까? 어떤 의미로는 입양되었다고 생각하게 될까?'[15] 마치 DNA가 유전정보를 전달하는 매체일 뿐만 아니라 모성 관계의 기반이기도 하다는 것처럼, DNA의 이중나선에 우리가 타자와 맺은 관계가 존재하는 것처럼 말이다.

남녀 한몸

이런 유형의 키메라는 캐런이 처음은 아니다. 하지만 이전에는 다른 성별의 배아와 결합한 개체들만 포착되었다. 이들 중 일부의 키메리즘이 쉽게 눈에 띄었기 때문이다. 캐런이 자궁 생활을 쌍둥이 자매가 아니라 쌍둥이 형제, 남성 배아와 함께 시작했다고 상상해보라. 그렇다면 Y 염색체를 가진 세포는 캐런의 발달이 진행 중인 기관, 특히 생식기관에서 발견되었을 것이다. Y 염색체 유전자, 그중에서도 고환 설계를 담당하는 SRY라 불리는 유전자가 발현되었을 것이다. 실제로 그런 식으로 한 미국인 소녀는 한쪽에는 난소 조직을 다른 한쪽에는 고환 조직을 가지게 되었다.[16] 이 특이점은 소녀가 1962년 과잉 발달한 음핵을 축소하는 수술을 받던 중 발견되었다. 이 수술은 논란을 야기했다. 심각한 결과를 초래할 수 있었는데 아이는 건강에 아무 문제가 없었기 때문이었다.

성별이 모호하게 태어나는 사람은 전체 출생의 약 1.7퍼센트다. 확인해볼 가치가 있는 추산에 따르면 이 중 약 10퍼센트는 성이 상반된 두 배아의 융합으로 인한 키메리즘에서 비롯되었을 수 있다.[17] 대체로 성별 모호성은 출생하자마자 발견된다. 집계된 여성-남성 키메리즘 사례 50건 중 28건이 생식기 기형 때문에 출생 직후에 발견되었다.[18] 다른 사례들은 사춘기 때(남아의 유선 발달 등)나 생식 문제를 겪으면서, 또는 헌혈 등 우연한 계기로 나중에야 발견되었다.

일부 전문가들은 체외 인공수정은 조작 과정 때문에, 그리고 동시에 두 개의 배아를 옮기기 때문에 배아의 조기 융합 현상을 증가시킨다고 추정했다. 또 다른 예로 여성-남성 키메리즘을 통해 생물학적 성과 자신의 성을 동일시하지 않는 성별 불쾌감 gender dysphoria의 일부 사례를 설명할 수 있다는 주장도 제기되었다.[19] 생식기관 세포와 다른 성염색체가 신경계 세포에 있으면 자신이 느끼는 성과 생물학적 성 사이에 괴리가 발생할 수 있다. 그러나 여기서는 다른 많은 요인을 고려해야 한다. 이 가설은 입증된다고 하더라도 많은 요인 중 하나에 불과하다.

DNA를 거짓으로 만드는 마이크로키메리즘

캐런의 사례가 발견되고 나서 몇 년 후 이에 맞먹는 대혼돈이 미국 반대편 워싱턴주에서 일어났다. 여기서는 일이 좋지 않게 풀릴 뻔했다. 이야기의 주인공 리디아 페어차일드Lydia Fairchild가 캐런과는 다른 사회적 환경에서 자랐고 아버지는 감옥에 있었으며 아이들은 혼혈이었기 때문일까? 당시 26세에 두 아이를 혼자 키우던 리디아는 사회복지 지원을 신청하면서 친자 확인을 위해 친자 검사를 받았다. 몇 주 후 그는 사회복지과의 연락을 받고 찾아갔다. 그는 아이들의 친모가 아니라는 소리를 들었다.

"처음에는 웃었어요. 하지만 그 사람들이 정말 진지하게 말했다는 걸 알게 됐어요"라고 훗날 리디아는 이야기했다.[20] "DNA는 100퍼센트 정확하고 거짓말하지 않아요. 대체 당신은 누구인가요?" 복지과 직원은 취조하듯 물었다. 리디아는 아이들이 있는 척 꾸며내어 사회복지금을 편취하려 한다는 의심을 받았다.

조사가 시작되고 곧 리디아가 정말로 아이들과 함께 살고 있다는 사실이 밝혀졌다. 그럼에도 아이들을 훔친 것 아니냐는 의심을 받은 리디아는 임신했을 때 찍은 사진을 보여주기도 했다. 리디아의 모친과 아이들의 친부, 심지어 산부인과 의사도 그가 정말로 출산한 것이 맞다고 증언했다. 그렇다면 혹시 리디아는 아이들의 대리모는 아닐까? 세 번의 공판 후 리디아는 최악의 상황이 벌어질까 봐 두려웠다. 당시 임신 중이었던 그는 카메라 앞에서 눈물을 흘리며 "저는 매일 아이들과 마지막을 보낸다고 생각했습니다"라고 이야기했다. "많은 변호사에게 전화했지만 아무도 저를 믿어주지 않았어요. 제 발언은 DNA를 거스르는 내용이었고, 제 편은 아무도 없었습니다."

리디아가 셋째 아이 출산을 앞두었을 때 판사는 출산 직후 검사를 새로 할 것을 요청했다. 그리고 불가능한 일이 벌어졌다. 리디아의 자궁에서 막 나온 셋째 아이도 유전적으로 그의 아들이 아니었다.

이번에는 변호사 앨런 틴델Alan Tindell이 리디아를 돕기 위해 나섰다. 먼저 리디아에게 생애와 형제 관계, 아이들 친부와의 관계에 대해 질문한 틴델은 답변을 듣고 나서 그를 믿기로 결심했다. 바로 그때 틴델은 캐런의 사례를 추적하는 학술지에 관해 알게 되었고 보스턴 연구팀에 리디아를 검사해달라고 요청했다. 연구자들은 우선 리디아의 혈액을 분석했지만 캐런과 마찬가지로 한 가지 세포 유형만 발견되었다. 이들은 피부와 머리카락, 뺨 안쪽에서 채취한 세포를 계속 분석했지만 아무것도 찾지 못했다. 그러다 자궁 경부 세포의 프레파라트를 분석해서 DNA가 다른 세포들을 발견했다. 이 DNA는 아이들의 DNA와 일치했고, 리디아의 모친으로부터 유래한 유전자도 있었다. 연구자들은 사라진 쌍둥이 자매에게서 비롯된 DNA라고 단정했다. 비로소 리디아는 안도할 수 있었다. 하지만 캐런의 사례가 없었다면 이 이야기의 결말은 어땠을까?

이제껏 알려진 방정식인 '1개체=1게놈'이 모든 실사례에 적용되는 것은 아니었다. 나 자신을 포함해 모두가 거듭 확립되어 흔들리지 않는 사실인 줄 알았던 지식은 재고할 필요가 있고 단편적이었다. DNA 지문 하나로 한 사람의 정체성이나 기원을 밝힐 수 있다는 견해를 학설의 지위에 올려놓기엔 우리의 생물학은 너무 부족하다. 특히 그 증거는 하나가 아니다. 그러나 DNA 지문은 여전히 부모를 확인하고, 친자 관계를 증명하거나 부인하고, 가족 재결합(외국인 근로자나 유학생 등 프랑스에 체류하는 사람의 가족 구성원에게 입국과 체류를 허가하는 제도—옮긴이) 신청을 검토하거나 결백한 사람에게 유죄를 선고하는 데 사용되곤 한다. 덴마크 철학자 마흐릿 스힐드리크Margrit Shildrick의 분석에 따르면 유전적 연관성을 입증하는 데 실패한 DNA 표본은 즉시 사기로 여겨진다. 그는 마이크로키메리즘의 사회적·법적 영향을 연구하는 몇 안 되는 인물 중 하나다.[21] 왜 일부 과학적 지식은 너무 성급하게 명징하다고 인정받을까? 우리는 왜 무지에 충분히 주의하지 않을까? 반대로 다른 지식의 영역은 새로운 발견이 의심을 제거할 수 있음에도 왜 회의론의 그늘에서 꼼짝도 하지 않을까? 과학사회학에는 여전히 할 일이 많이 남아 있다.

캐런과 리디아의 사례와 유사한 상황이 얼마나 있는지는 알 수 없다. 대개는 아무도 쌍둥이 세포의 존재를 알아차리지 못한다. 만약 캐런이 신장 이식수술을 받을 필요가 없었다면, 리디아가 사회복지 지원금을 신청하지 않았다면 두 사람은 자신의 세포와 다른 세포들이 생식세포를 '점유'하고 있다는 사실을 몰랐을 것이다. 훗날 우연한 계기로 두 사람의 자녀나 손자가 유전자 검사를 받을 때 계통수에서 가지 일부가 모사란다는 것을, 부모 양쪽에게 없는 유전자를 물려받았다는 사실을 알게 되었을 수도 있다.

오늘날 10여 건의 사례에서 난자나 정자의 키메리즘 현상이 발견되었다고 알려져 있다. 한 미국 남성은 보조 생식을 통해 태어난 자신의 아이에게 친자 확인 검사를 했다. 검사 결과에 따르면 그 남성이 아버지일 가능성은 매우 희박했다. 그래서 그는 병원이 자기 정자를 잘못 처리한 탓에 피해를 보았다고 주장하며 병원을 고소하려 했다. 이후 그는 더 정밀한 검사를 통해 아기와 25퍼센트의 DNA를 공유하고 있음을 알게 됐다. 즉, 유전적으로 그는 아이의 삼촌이었다. 계속된 연구를 통해 남성의 몸에 있는 정자의 10퍼센트에는 다른 DNA, 바로 자궁 속에서 사라진 쌍둥이 형제의 DNA가 포함되어 있다는 것이 밝혀졌다.[22]

연구자들에 따르면 이 사례의 연구 결과에서 가장 특기할 점은 친자 확인 검사에서 한쪽 부모가 생물학적 부모에서 제외되는 음성 결과가 나온 경우 중 일부는 한쪽 부모에게 키메리즘이 있었으나 진단하지 못해 잘못된 결과가 나왔을 수도 있다는 것이다. 유전자 검사가 증가하고 있는 상황을 고려하면 일부 아버지들은 부당하게 친부 관계를 부인당하는 일을 겪었을 것이다. 그러한 시나리오는 2021년 12월 프랑스 방송국 아르테Arte에서 방영한 드라마 시리즈 〈노나와 딸들Nona et ses filles〉에도 등장했다.[23] 드라마에서 70세에 임신한 노나는 유전자 검사 후 연인

앙드레가 배 속 아이의 친부가 아니라는 것을 알게 된다. 나중에 가서야 앙드레의 한쪽 고환에 그의 사라진 쌍둥이 형제의 정자가 포함되어 있다는 사실이 밝혀졌다. "그러니깐 아이는 내 조카야…. 그렇지만 내 아들이 맞아." 드라마 속 이야기는 그렇게 일단락되었다.

픽션이 섞일 때

린리 파커Linley Parker는 퇴근 직후 한 남성에게 성폭행을 당했다. 경찰은 강간범을 찾아냈고 린리는 즉시 그 사람을 알아봤다. 하지만 강간범의 구강에서 채취한 DNA는 린리에게서 발견된 정자 DNA와 일치하지 않았다. 범인은 결국 풀려났고 며칠 후 린리는 시신으로 발견되었다. 경찰 감식반은 범죄 현장에서 채취한 머리카락을 분석했다. 이번에는 최초 용의자의 DNA와 일치했다. 그는 두 개의 DNA를 가지고 있었는데 머리카락과 구강의 DNA와 정액의 DNA는 각각 달랐다. 둘 중 하나는 사라진 쌍둥이에게서 유래한 것이었다. 이 시나리오는 미국 드라마 〈CSI: 과학수사대〉 시리즈의 한 에피소드 내용이다.[24] 물론 허구지만 완벽하게 그럴듯한 시나리오다.

몇몇 연구원은 의문의 살인 사건을 수사하던 한국 경찰의 연락을 받았던 이야기를 들려주었다. 세 살배기 딸을 살해한 혐의로 기소된 김 씨라는 여성의 사건이었다. DNA 분석에 따르면 살해된 아이는 김 씨가 아닌 아이를 돌보아주던 김 씨 모친의 딸이었다. 김 씨의 모친이 김 씨와 같은 시기에 은밀히 출산했던 것일까? 그리고 서로의 아이를 뒤바꾼 것일까? 그렇다면 김 씨의 '진짜' 아기는 어디로 갔을까? 아니면 모친의 키메라 세포가 김 씨의 난자에 거처를 정한 것일까? 사건은 여전히 해결되지 않고 있다.

더 뜻밖의 사건은 쌍둥이 키메리즘 현상이, 도핑 검사에서 걸린 운동선수의 알리바이 역할을 한 경우다. 미국 사이클 선수 타일러 해밀턴Tyler Hamilton은 2004년 아테네 올림픽 개인 타임 트라이얼에서 금메달을 획득했으나 도핑 검사에서 양성 반응이 나왔다. 그의 혈액에서는 두 종류의 적혈구가 발견되었다. 전문가들에 따르면 적혈구 수치를 인위적으로 증가시켜 체내 산소 공급을 향상하기 위해 수혈을 받았다는 증거였다. 해밀턴은 강하게 부인하며 전혀 다른 시나리오를 제기했다. 혈액에서 발견된 혈구가 사라진 쌍둥이에게서 유래했다는 것이었다. 누가 그런 변론을 귀띔해주었는지는 알 수 없다. 이후 알려진 이야기는 그가 다시 도핑 때문에 유죄 판결을 받았고, 2011년 랜스 암스트

롱Lance Armstrong 팀의 조직적인 부정행위를 낱낱이 밝히며 결국 속임수를 고백했다는 것이다. 이번에는 키메리즘이 좋은 핑곗거리로 사용되었다. 다시 한번 키메리즘이 온갖 상상의 나래를 펼치는 데 도움이 된다는 사실이 드러났다.

다른 자기

"각 개인의 경계가 생각과 반드시 일치하는 것은 아니다."

• 에릭 밥테스트 •

크리스 롱Chris Long은 매달 네바다주 라스베이거스의 자매 도시 리노에 있는 과학수사연구소를 방문해 혈액과 타액, 머리카락, 체모, 정액 표본을 제공했다. 그리고 매달 DNA 분석을 통해 세포가 감소하고 있음을 확인했다. 사라진 세포의 자리에 새로운 유전적 특징이 나타났다. 이 기묘한 치환 현상은 혈액에서부터 시작되었고 이후 뺨 안쪽, 타액으로 퍼져나갔다. 어느 날 정액에서도 같은 현상이 발견되었다. 그러나 그는 몇 년 전 정관 절제 수술을 받아서 정액에 정자가 없는 상태였다. "제가 사라지고 다른 누군가가 나타날 수 있다니 정말 믿을 수 없는 일이었죠." 2019년 미국의 컴퓨터과학자 롱은 자신에게 무슨 일이 일어나고 있는지 알았을 때 과장 없이 반응했다.[1]

롱의 키메리즘은 무엇에서 기원했을까? 바로 골수이식이었다. 2014년 급성 백혈병을 진단받은 그는 암세포를 제거하기 위해 화학요법 치료를 받았다. 그리고 2015년에 독일인 장기 기증자의 골수를 이식받았다. 목표는 기증자의 건강한 세포를 이용해 혈액을 재생하는 것이었다. 그러니까 기증자의 혈액세포가 롱의 혈액세포를 대체하길 기대했다. 그렇게 되면 골수이식이 효과가 있었다는 의미였다. 하지만 독일인 청년의 세포가 다른 곳에, 심지어 롱의 정액 속에까지 정착할 거라고는 아무도 예상하지 못했다. 아마 다른 장기에도 정착했을 것이었다.

이 기묘한 사건에 대한 상세한 자료가 남을 수 있었던 이유는 그가 병에 걸리기 전에 리노경찰서에서 일했기 때문이다. 동료였던 과학수사연구원 원장은 그의 이식수술 소식을 듣고서 자신의 실험 대상이 되어줄 것을 제안했다. 그보다 앞서 동료는 신문 사회면의 한 기사를 읽고는 대경실색한 적이 있었다. 주요 골자는 장기이식수술이 경찰 조사에서 고전적으로 사용되는 DNA 검사의 신뢰성에 큰 의문을 제기할 수 있다는 내용이었다.

기사 속 이야기는 2004년으로 거슬러 올라간다. 그해 알래스카경찰 감식과는 한 성폭행 사건을 조사했다. 여성 피해자의 몸에 남은 정액을 채취하여 유전자 분석을 시행했는데, DNA가 다른 폭행 사건으로 이미 데이터베이스에 등록되어 있던 한 남성의 것과 일치했다. 그렇지만 문제가 있었다. 사건이 벌어지던 당시에 그 남성은 수감 중이었다. 당황한 경찰은 조사를 계속했고, 수감된 남성이 몇 년 전 친형의 골수를 이식받았다는 사실을 알게 되었다. 범인은 남성의 친형이었다. DNA는 수사를 뒤죽박죽으로 만들었다. 감옥이란 알리바이가 없었다면 아마도 강간범의 동생이 혐의를 받고 형은 자유의 몸이 되었을 것이다.

이런 기묘한 일들을 밝혀내기 위해 롱은 매달 자신의 여러 표본을 제공하기로 동의했다. 이제 분명한 점은 용의선상에 오른 인물이 장기이식을 받았다면 DNA 검사에서 오류가 발생할 위험성이 너무 크기 때문에 DNA를 증거로 사용할 수 없다는 것이다. 그렇지 않으면 익명의 장기 기증자가 자신이 저지르지도 않은 범죄 때문에 기소될지도 모른다. 비록 드물게 발생하긴 해도 이러한 상황들은 'DNA 증거'[2]를 절대적인 것으로 여기지 않을 필요가 있음을 강조한다. 친부모를 밝혀내기 위해서든 범죄자를 밝혀내기 위해서든 마이크로키메리즘이 판을 뒤흔들 수도 있다는 것을 기억해야 한다.

파견된 유목민 세포

이식수술로 되돌아가보자. 우리는 순진하게도 기증자의 세포가 골수 같은 액체든 신장 같은 고체든 이식된 장기 안에 얌전히 머무른다고 생각한다. 하지만 전혀 그렇지 않다. 기증자의 세포는 번번이 달아나서 새로운 숙주 유기체의 구석구석을 돌아다니다가 지속해서 정착하는 듯하다. 마치 엄마 배 속에 '이식된' 태아의 세포들처럼 말이다. 이 비교는 다른 이유로도 들어맞는다. 과학자들이 여기서도 세포의 이중 교환이 일어난다는 사실을 발견했기 때문이다. 이식받은 사람의 세포들은 그저 이식된 장기를 구경만 하지 않는다. 그 장기를 찾아가 기증자의 세포들의 한가운데에 정착한다. 태아의 내부에서 모체 세포가 하는 행동과 비슷하다. 마이크로키메리즘의 관점에서 간단히 말하자면 모든 일은 이식된 장기가 마치 태아인 것처럼 진행된다. 혹은 면역학자들이 오랫동안 제안해온 비유대로 태아가 마치 이식된 장기인 것처럼 진행된다. 자연적 이식이자, 거부반응 없는 이식의 유일한 생물학적 사례라고 할 수 있다.

이처럼 이식편과 숙주 사이에 일어나는 세포의 '양방향 밀입국'은 1990년대 초 장기이식학의 대가 토머스 스타즐Thomas Starzl이 입증했다. 다이애나 비앙키와 리 넬슨이 모체-태아 마이크로키메리즘을 발견하기 직전이었다. 크게 다른 점이 있다면, 미국 외과 의사 스타즐은 이 세포 혼합을 곧바로 긍정적 요소로 여겼다는 것이다. 1992년부터 그는 마이크로키메리즘이 이식 관용 메커니즘을 풀 수 있는 열쇠일 거라고 추측했다.[3] 논문에 이 여행하는 세포들이 일종의 '관용을 위한 선교사'일지도 모른다고 쓰기도 했다.[4] 키메라 세포가 자가면역질환을 유발한다는 넬슨의 초기 가설과 정반대되는 이 가설을 어떻게 이해해야 할까? 2017년 사망한 스타즐을 동료들은 '낙관적이고 열정적'이라고 평가했는데, 연구자들의 기질이 이들의 가설에 영향을 준다고 봐야 할까? 그렇게 보기는 어렵다. 불교철학 신봉자인 넬슨 역시 상당히 긍정적이기 때문이다. 아마도 여기서는 과거 경험과 발견의 맥락이 중요한 역할을 했을 것이다. 넬슨이 자가면역질환을 이해하기 위해 애쓰는 과정에서 마이크로키메리즘을 알게 됐다면 스타즐은 성공한 장기이식의 실마리를 마이크로키메리즘에서 찾고 있었다. 그 차이점이 같은 시기에 세포 교환이라는 동일한 생물학적 현상을 관찰한 두 사람 가운데 한 사람은 문제의 원천으로, 다른 한 사람은 해결의 원천으로 본 이유이다.

스타즐은 이식된 장기를 거부하지 않고 면역억제제 치료를 중단한 환자들을 여러 차례 만났다. 평생 처방되는 면역억제제는 일반적으로 공여자에게서 유래한 '외부' 요소들을 이식 수혜자의 면역 체계가 받아들이도록 만드는 데 필수적이다. 문제는 이러한 치료법이 많은 부작용을 유발하고 수혜자를 감염과 암에 더 취약해지게 만든다는 것이다. 그래서 일부 환자는 의학적 이유로, 혹은 더 이상 견딜 수 없어서 면역억제제 치료를 중단한다. 그러면 대부분 상황은 좋지 않게 흘러간다. 면역 체계가 '깨어나' 이식 조직을 거부하기 시작한다. 그러나 예외적으로 면역 체계에 치료 중단을 들키지 않은 운 좋은 환자들은 완전히 관용된 다른 사람의 장기를 지니고 정상적인 삶을 살기 시작한다. 이처럼 화학적 도움 없이 이루어진 관용 상태는 모든 이식외과 의사에게 성배와도 같다.

스타즐과 그의 연구팀이 이식 조직과 숙주의 세포 교환을 발견한 계기는 이처럼 순리적으로 불가능한 상황들을 자세히 들여다보면서였다. 그들은 이식 수혜자의 혈액과 피부, 림프절, 심지어 폐에서도 공여자의 세포를 발견했다. 수혜자 세포는 항상 이식된 장기 내부에서 발견되었는데, 특히 새로운 혈관과 모세혈관 형태를 띠고 있었다. 최근 자료에 따르면 수혜자의 세포는 이식수술을 받고 나서 몇 년 후 이식된 장기의 최대 10퍼센트를 이룬다.[5] 스타즐은 이러한 마이크로키메라 세포의 양과 이식 조직 생착의 상관관계를 동물에게서 발견했다고 논문에서 밝혔다. 그의 태도는 과학자들이 아직은 추측 단계에 있는 가설을 주장할 때 보이는 조심스러운 태도와 거리가 멀었다. "마이크로키메리즘은 동종이식편을 수용하기 위한 전제 조건인 듯하다."[6]

그렇게 해서 세계적으로 유명한 이 연구자는 유목민 세포들에서 관용 메커니즘의 비밀을 엿보았다. 동료들은 처음에 그의 반항적인 가설을 회의적으로 보았다. 그러나 이후 연구들은 그가 옳았음을 보여주는 듯했다. 마이크로키메라 세포의 흔적이 전혀 발견되지 않은 수혜자와 비교했을 때 혈액에 공여자의 세포가 있던 수혜자들은 통계적으로 거부반응이 더 적었다.[7] 마치 움직이는 비자기의 일부가 이식 조직이 위험하지 않다고 면역체계에 알려줄 수 있다는 것처럼 말이다.

엄마의 '이중 이식'

"토머스 스타즐은 이식된 장기가 제 기능을 하려면 이식편과 숙주가 세포를 교환하는 상호 협력이 필요하다고 확신했어요." 이식면역학 전문가 윌리엄 벌링엄William Burlingham이 회상했다. "그는 시대를 훨씬 앞서 있었죠."

벌링엄 역시 면역억제제 치료를 중단했는데도 이식 거부반응을 보이지 않는 환자들에게 관심이 있었다. 그는 JB라는 16세 소년을 통해 마이크로키메리즘에 긍정적인 입장으로 돌아섰다. JB는 신경 변성 질환으로 신장이 손상된 상태였다. JB의 어머니는 자기 신장을 아들에게 이식하기를 원했고, 1987년 위스콘신대학 병원에서 이식수술이 신행되었다. 수술은 성공적이었다. 이식편은 자리 잡았고, 어머니의 장기가 아들의 몸에서 기능하기 시작했다. 2년 후 JB는 의사에게 알리지 않고 면역억제제 복용을 중단했다. "정말 경솔한 행동이었어요"라고 벌링엄은 말했다. 무척 다행스럽게 이식편은 별 탈 없이 제자리에 있었다. 환자를 위해서도, 다음 이야기를 위해서도 다행스러운 일이었다. 한편 면역반응이 일어나지 않은 것을 의아하게 여긴 의사들이 벌링엄에게 이 사례를 이야기함으로써 JB에 대한 연구가 시작되었다. 연구자들은 우선 JB의 혈액과 피부에서 극소량이긴 하지만 모체의 세포를 발견했다. 이후 생체 외 실험을 통해 이 마이크로키메라 모체 세포가 JB의 면역반응을 제어한다는 것을 밝혀냈다. "모체의 세포는 외부 요소에 대한 환자의 면역반응을 유지시키면서도 이식편 세포에 대한 거부반응은 없앴습니다"라고 벌링엄은 설명했다. '마이크로키메리즘은 그저 우연히 동시에 일어난 일이 아니라는 증거'라고 1995년 발표한 논문에서 연구자들은 고찰했다.[8] 즉 마이크로키메리즘은 이식편에 대한 통상적인 거부반응을 억제했다.

JB의 혈액과 피부에서 돌아다니는 모체의 세포들이 어디에서 왔는지에 대해 연구자들은 세 가지 가능성을 제시했다. 첫 번째는 스타즐의 가설대로 신장 이식편 자체에서 왔다는 것이었다. 두 번째는 이식수술을 앞두고 모세의 혈액을 JB의 몸에 여러 차례 주입했는데 그 후 정착했을 수도 있다는 것이었다. 실제로 다발성 외상 환자의 몸에서[9] 헌혈자의 세포가 수혈 후 몇 년까지도 남을 수 있다는 여러 연구 결과가 있다. 세 번째는 JB가 태어나기 전 엄마 배 속에 있을 때 자궁 내 세포 교환을 통해서 모체의 세포들이 왔을지도 모른다는 것이었다. 당시에는 이 마지막 가설은 가능성이 매우 희박하다고 여겼다. "정말 큰 실수였죠." 벌링엄은 현재 그 사실을 인정한다.

1년 후 다이애나 비앙키는 모체의 몸에 남아 있는 태아 유래 마이크로키메리즘에 관한 논문을 처음으로 발표했다. 비앙키는 논문에서 스타즐의 가설을 참조하며 '인간의 임신 또한 [장기이식에서 관찰된 것과] 비슷한 세포의 밀입국에서 이익을 얻을 수 있는지'[10] 의문을 제기했다. 이후 리 넬슨이 동일한 현상을 입증했다. 하지만 반대로 몸에 지속적으로 남아 있는 모체 유래 세포에 관한 것이었다. "본질적으로 이 세포들이 자궁 내에서 유래했는지 혹은 이식을 통해 유래했는지는 중요하지 않습니다. 두 유형의 마이크로키메리즘은 강력하게 작용할 수 있습니다"라고 벌링엄은 강조했다. "어쩌면 두 가지 원천을 합하면 효과가 훨씬 강력해질지도 모릅니다."

이어서 벌링엄은 형제자매 간의 장기이식으로 관심을 돌렸다. 그리고 1998년 다시 한번 마이크로키메라 모체 세포가 중요한 역할을 한다는 것을 증명했다.[11] 절반은 아빠에게서, 절반은 엄마에게서 물려받은 세상에 단 하나뿐인 패턴 조합(HLA 표지자)을 지닌 세포 모자를 기억하는가. 여기서는 형제자매의 HLA 패턴이 모든 걸 좌우한다. 예를 들어 자매는 엄마에게서 동그라미 패턴을 물려받았는데 나는 아빠에게서 네모 패턴을 물려받았다고 해보자. 그래도 나는 자궁에서 지내는 동안 기념으로 얻은 모체의 일부 세포를 가지고 있어서 동그라미를 알아볼 수 있다. 왜냐하면 내 몸 안에서 이미 마주친 적이 있기 때문이다. 그러므로 나는 자매의 세포를 더 쉽게 받아들일 것이다. 반대로 기증자인 형제가 아빠에게서 네모 패턴을 물려받은 반면 나는 엄마에게서 동그라미 패턴을 물려받았다면 나는 한 번도 마주친 적 없는 패턴(네모)을 단번에 찾아낼 것이다. 그래서 통계적으로 거부반응이 일어날 위험이 더 크다.

최초의 마이크로키메리즘 적용

"아빠는 처음엔 중요할 수 있지만 이후에는 그리 중요하지 않죠"라고 벌링엄은 짓궂게 요약했다. "반면 엄마는 임신이 되자마자 나중에 장기이식에 도움이 될 수 있는 마이크로키메리즘 과정을 시작해요."

드물긴 하지만 모체의 세포는 우리의 남은 생애 동안 우리를 다듬는다. 이 작업은 대부분 눈에 띄지 않지만 특수한 사건이 발생하면 순식간에 판도를 바꿀 수 있다. 장기이식이 바로 특수한 사건에 속한다. "아마 각각의 사례에서 마이크로키메리즘을 더 면밀히 조사하면 이식 성공률을 높일 수 있을 겁니다"라고 벌링엄은 말한다. 이미 일부 병원들은 마이크로키메라 세포를 이식 성공의 지표로 활용하고 있다. 그러나 한 단계 더 나아갈 수 있다. 수혜자뿐만 아니라 공여자의 마이크로키메리즘을 검토하면서 엄마의 HLA 패턴을 물려받은 가족 구성원을 우선해서 공여자로 선정할 수 있다.

더욱 야심 찬 시도도 있다. 일부 이식술에서는 더 나은 면역관용을 유도하기 위해 이식 전에 수혜자의 몸에 공여자의 줄기세포를 이식하여 인위적으로 마이크로키메리즘을 유발하려고 한다. 이것을 '의인성 키메리즘iatrogenic chimerism'이라 부른다. 여러 연구팀이 동물뿐만 아니라 사람을 대상으로 이 방식을 진지하게 연구하고 있다. "특히 공여자와 수혜자의 HLA 프로필이 동일할 때 나오는 결과가 고무적이에요. 일부 사례에서 완전한 면역관용을 유도하는 데 성공했어요. 하지만 아직 이 접근법이 항상 성공하지는 못하고 있습니다"라고 벌링엄은 설명했다.

"이 새로운 접근법은 의학 분야에 마이크로키메리즘을 최초로 적용한 사례가 될 수 있습니다." 네덜란드 레이던대학교의료센터의 미카엘 에이크만스Michael Eikmans는 이렇게 말했다. 그는 '마이크로키메리즘, 인간의 건강과 진화Microchimerism, Human Health & Evolution'라는 국제 연구 프로젝트에 참여하고 있다. 역시 장기 이식을 통해 마이크로키메리즘에 다다른 그도 확신에 차 있었다. "마이크로키메리즘은 적은 양의 세포로도 이식 환자에게 중요한 역할을 합니다."

그러나 마이크로키메리즘이 모든 일을 할 수는 없다. 예를 들면 사용한 면역억제제의 종류 또한 핵심적인 역할을 한다. 일부 억제제는 마이크로키메리즘의 효과를 없애는 듯하다. 현재 연구자들은 면역 체계를 미성숙한 상태로 되돌리도록 유도하기 위해 태아의 환경을 모방할 수 있는 화학 혼합물을 개발하고 있다. 이러한 환경에서 공여자 세포를 주입하면 모체 유래 마이크로키메리즘과 유사한 효과를 발휘해서 이식수술을 위해 면역 체계를 진정시킬 수 있을지도 모른다. 스타즐의 '관용의 선교사들' 개념처럼 말이다.

죽어서도 죽이는 세포

그렇지만 이 선교사들은 가끔씩 엇나가곤 한다. 1983년 프랑스에서 신장 이식수술을 받은 한 젊은 여성의 사례가 대표적이다.[12] 이식 후 17년이 흘러 이 여성은 피부암을 선고받았다. 이식자들 사이에서는 꽤 자주 일어나는 일이었다. 태양 자외선에 의한 DNA 손상이 면역억제제의 영향으로 인해 잘 회복되지 않기 때문이다. 그런데 에드가르도 카로셀라 연구팀이 분석 도구를 통해 피부 종양에서 XY 세포, 즉 남성 세포를 발견했다. 각질 형성 세포로 불리는 표피의 특수 세포는 종양의 대표적인 유전적 이상을 지니고 있었다. 이 여성은 임신한 적이 없었기 때문에 연구자들은 세포가 신장 기증자에게서 유래했을 확률이 높다고 결론 내렸다. "정말 인상 깊은 영상이었어요." 연구를 이끌었던 셀림 아락팅기가 회상했다. "다른 피부 부위에서 XY 암세포뿐만 아니라 전암세포(암세포가 되기 전 단계의 세포—옮긴이)도 발견했어요. 그 말인즉슨 이식한 신장에서 빠져나온 세포가 피부로 와서 각질 형성 세포로 변했고 이후 암세포가 되었다는 겁니다." 다시 말해 이 여성은 이미 수년 전 사망한 신장 기증자의 암을 겪는 중이었다.

최근 또 다른 여성 이식자에게도 비슷한 시나리오가 발생했다.[13] 이 여성은 사망한 남성 기증자로부터 신장을 이식받았고, 9년 후 이식받은 신장에 종양이 생겼다. 외과 수술로 종양을 제거했지만 얼마 지나지 않아 뼈와 간으로 전이되었다. 조직검사 결과 전이가 신장의 남성 암세포에서 비롯된 것으로 확인되었다. 상황이 위급해졌다. 파리 비샤병원 의료진은 놀라운 결정을 내렸다. 면역억제제 치료를 중단하는 것이었다. 치료 때문에 그때까지 잠들어 있던 환자의 면역세포들이 서서히 깨어나 기증자의 세포들을 공격하기 시작했다. 3개월 후 이식 거부가 일어났다. 그러나 환자의 면역 체계는 이식된 장기뿐만 아니라 기증자의 '선교사' 세포들, 특히 전이 세포들도 공격하기 시작했다. 치료를 중단한 지 8개월이 지난 후 환자는 신장을 잃었기 때문에 정기적으로 투석을 받아야 했지만 암세포는 더 이상 없었다. 이 여성은 키메라 세포와 암을 동시에 처분했다. "사람들이 마이크로키메라 세포가 천사인지 악마인지 물어볼 때면 그 환자들을 다시 생각해보곤 합니다"라고 카로셀라는 말했다. "이식은 생명 유지를 위해 필수적이었지만, 기증자의 일부 세포가 결국엔 해로운 것으로 드러났습니다. 아시다시피 악마는 타락한 천사죠. 세포가 어떻게 바뀔지를 예측할 수는 없어요."

앞 단락에 등장한 '진이'라는 단어를 다시 보니 이상한 질문이 떠오른다. 본질적으로 마이크로키메라 세포와 암세포를 구별해주는 것은 무엇일까? 말 그대로 '전이'는 위치 변화를 의미한다. 마이크로키메라 세포 역시 처음 집에서 두 번째 집으로 이동한다. 이 세포들 또한 이동하기 위해 혈액계나 림프계를 이용한다. 유전자 표지자가 숙주세포와 상이하기도 하다. 그리고 마찬가지로 면역 체계를 따돌린다. 마지막으로, 암세포와 마이크로키메라 세포 모두 다양한 장기에 침투해 자가 재생한다. 비슷한 점이 이렇게나 많다.

세포 차원에서 두 세포는 동일한 단 하나의 목적에 따라 변모하는 것처럼 보인다. 확산하고 생존하는 것이다. 심지어 세포가 출현했던 개체의 생명을 넘어서서 이 목적을 추구한다. 암세포도 다른 개체로 전파될 수 있기 때문이다. 이런 전파는 간혹 태반으로 일어나기도 하지만 일부 동물의 경우에는 일종의 '자연적 이식'으로 전파된다. 예를 들어 이빨이 날카로운 유대류 태즈메이니아데블은 서로를 물어뜯으면서 종양 세포를 전달한다.

하지만 두 가지 주요 요소가 마이크로키메라 세포를 암세포와 구분 짓는다. 암세포는 유전적으로 매우 불안정하다. DNA에 돌연변이를 축적하기 때문이다. 또한 암세포는 새로운 숙주의 지침서를 준수하지 않는다. 반면 "마이크로키메라 세포는 자신이 위치한 주변 환경의 규칙을 잘 따릅니다. 착지한 장기에 따라 피부세포나 간세포 등으로 모습을 바꾸죠. 그렇지 않으면 아마

면역 체계가 공격할 겁니다." 에이미 보디는 이렇게 추측했다. 파리의 진화생물학 전문가 에릭 밥테스트Eric Bapteste에 따르면 기원이 다른 여러 세포가 자신의 독립성을 버리면서 함께하는 것을 '탈脫다윈화'라고 부른다. 단일 혈통의 생존을 기준으로 성공을 평가하는 찰스 다윈Charles Darwin의 진화론과 상반되는 듯하기 때문이다. 마이크로키메리즘을 관찰한 결과에 따르면 대부분의 마이크로키메라 세포는 집단의 이익을 위해, 즉 정착한 유기체의 이익을 위해 자신의 진화적 자율성을 포기할 수도 있다. 종양 세포와 달리 마이크로키메라 세포는 새로운 환경에서 오는 신호가 자신을 제어하도록 놔둔다. 우리의 여행자 세포는 이타적인 걸까? 밥테스트는 "이타심 때문인지는 모르겠습니다"라고 답했다. "그보다는 체계에 대한 순응력이라고 볼 수 있습니다. 어쨌든 무척 흥미로운 현상이죠."

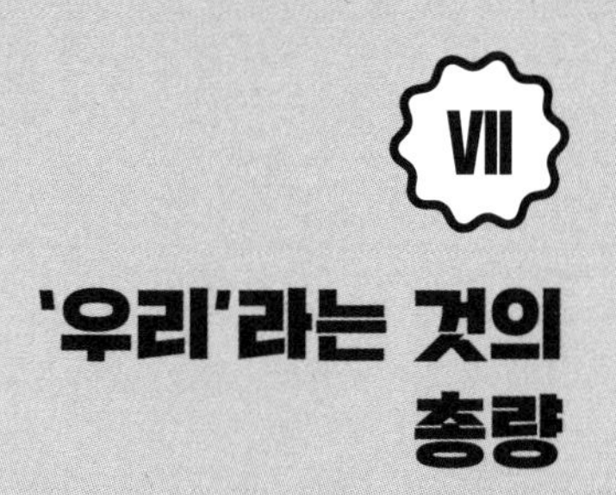

VII

'우리'라는 것의 총량

"셀 수 없이 많은 것이 내부에 산다.

내가 생각하거나 느낄 때도 나는 모른다.

생각하고 느끼는 사람이 누군지.

나는 그저 느끼거나 생각하는 하나의 장소다."

• 페르난두 페소아 •

태아의 세포, 모체의 세포, 살아 있거나 사라진 쌍둥이의 세포, 장기이식 혹은 수혈로 비롯된 세포 등 수많은 세포가 이미 우리의 몸 하나를 이루고 있다. 하지만 계산이 맞지 않는다. 사산된 여자 태아 중 60퍼센트 이상과 2세 미만 여자아이 중 80퍼센트의 간에서 남성 마이크로키메라 세포가 발견된 것은 어떻게 설명할 수 있을까?[1] 2005년 프랑스 연구팀의 이 발표가 모두를 충격에 빠뜨렸다. 마이크로키메리즘에는 다른 근원이 있는 것이 분명했다.

과학이 진보할수록 인간은 자신들이 얼마나 무지했는지를 깨닫는다. 이것이 이마누엘 칸트Immanuel Kant가 말한 그 유명한 '박학한 무지docta ignorantia'다. "무지에 대해 안다는 것은 우리에게 학문이 있다는 것을 전제로 하며, 그와 동시에 우리를 겸손하게 안다. 반면 안다는 생각은 자만을 부풀린다." 무지를 알고 이를 지식만큼이나 떳떳하게 드러내는 것. 그것이 과학을 하는, 과학을 대중화하는 새롭고 흥미로운 방식일 것이다. 그러나 인간은 혁신적인 가설의 불확실함보다 이미 확립된 견해의 안락함을 선호한다. 마이크로키메리즘은 이 안락함의 영역에서 벗어나 용감하게 과학의 그늘진 영역에서 답을 찾도록 만든다.

그렇다면 자궁에서 지내는 동안 인간은 또 어떤 세포들을 마주칠 수 있을까? 확실한 것은 이 세포들은 임신 전 또는 임신 중에 어머니가 얻었다는 점이다. 이 세포들은 태반을 건너기 전에 모체를 거친다. 그러니 다른 세포를 마주칠 첫 기회는 어머니의 이전 임신에서 비롯된다. 모든 태아는 모체에 세포를 보내고 이 세포들은 모체에서 수십 년 동안 살아남을 수 있다. 그렇기에 이론적으로는 이 세포들이 반대로 다시 태반을 건너가 새로운 배아의 몸에 정착할 수 있다. 마치 번식을 위해 같은 둥지로 되돌아오는 철새처럼 말이다. 이렇듯 우리는 먼저 엄마 배 속에 있었던 모든 태아의 세포를 가지고 있을지도 모른다. 그 태아들이 세상으로 나왔든 나오지 못했든 상관없이. 나의 경우는 내가 9개월을 보낸 자궁에서 나보다 1년 먼저 태어난 언니의 세포를 가지고 있다는 의미다. 따라서 형제자매가 많은 가정의 막내는 세포의 다양성 측면에서 가장 유리하다.

맏이들에게서 유래한 마이크로키메리즘은 개와 쥐를 대상으로 한 실험에서도 입증되었다.[2] 인간의 경우 한 건의 연구를 통해서만 입증되었는데, 갓 태어난 여아의 혈액에서 오빠들의 유전자 표지자를 지닌 남성 세포가 발견되었다.[3] 문제는 엄마가 낙태하거나 유산한 적이 없고 오빠도 없는 6명의 여자 아기 중 4명의 탯줄에서 남성 세포가 발견되었다는 것이다. 물론 연구자들은 사라진 쌍둥이가 있을 가능성도 고려했다. 하지만 인간 중 쌍둥이로 자궁 생활을 시작하는 사람이 30퍼센트 정도라고 높게 추정하더라도, 게다가 우연의 일치로 이 사라진 쌍둥이들이 모두 남자아이였다고 가정하더라도 6명의 아기 중 2명만 연관됐어야 한다. 연구자들은 또한 엄마가 임신 사실을 알기 전에 유산했을 가능성도 고려했다. 이때는 태아 상실을 생리로 착각할 수도 있다. 이론상으로 그 빈도는 알려지지 않았다. 추정에 따르면 보통 임상적으로 인정된 임신 중 10~20퍼센트는 초기 20주 사이에 자연유산으로 끝난다.[4] 또한 아직 인정되지 않은 임신에서 적어도 10퍼센트의 유산이 추가될 수 있다. 그러나 이러한 초기 배아 소실을 고려해도 혈액 속에 남성 세포를 가지고 있는 여자 아기들의 비율이 그렇게 높은 이유를 설명하기는 힘들다.

어머니의 이전 임신 동안 획득한 세포는 이 모든 관찰을 설명하기에 충분하지 않다. 두 번째 가능성은 이렇다. 이 마이크로키메라 세포는 훨씬 일찍 임마에게 진달되었을 수 있다. 엄마가 할머니의 배 속에 있을 때 말이다. 엄마들이 아직 태아였을 때

오빠 혹은 사라진 쌍둥이 형제의 세포를 회수했다고 가정할 수 있다. 이후 이들이 엄마가 되자 이 세포들이 다시 태반을 넘어가 아기의 품 안으로 파고들었을지도 모른다. 이 시나리오대로라면 이들은 할머니의 배 속에서 엄마들보다 앞서 존재했던 모든 여성 또는 남성 태아의 세포들을 갖게 된다. 따라서 오빠 셋을 둔 나의 어머니는 자기 세포 외에 적어도 세 개의 각기 다른 남성 세포 원천을 내게 전달했을 수도 있다. 그러나 지금 논의가 과학의 견고한 발판을 벗어나고 있다는 점을 분명히 할 필요가 있다. 아직은 순전히 추측일 뿐이다. "마이크로키메리즘 연구자들은 가설을 세우길 좋아하죠." 에이미 보디가 언질을 주었다.

나는 머리말에서 "상상력이 지식보다 더 중요하다"라는 아인슈타인의 명언을 인용했다. 인용문은 다음과 같이 이어진다. "지식은 제한되어 있지만 상상력은 세계 전체를 아우르고 진보를 자극하며 진화를 촉진한다." 마이크로키메리즘에서 지식을 극단적으로 제한하는 것은 탐지 기술이다. 수십만 개, 더 나아가 100만 개의 세포 중에서 외삼촌에게서 유래한, 혹은 태어나지 못하고 소실된 외삼촌에게서 유래한 한 개의 세포를 어떻게 포착할 수 있을까? 게다가 이 극도로 희귀한 세포들이 혈액이나 아무 장기에 숨을 수 있다면 말이다. 현실적으로는 있을 수 없는 일이다. 하지만 그럴 수 있을 때까지, 증거가 부족하다며 문을 닫지 않는 대담한 상상은 연구의 실마리를 열어주고 탐구를 자극하며 새로운 실험을 장려한다. 그리고 때때로 뜻밖의 굉장한 사건을 보여준다.

불멸의 할머니

"어마어마한 작업이었죠. 세포들을 분류하는 데 수백 시간이 걸렸어요. 하지만 해냈어요." 나탈리 랑베르는 원래 달팽이 사육사가 되고 싶었다. 그러나 1997년 우연한 계기로 리 넬슨과 접점이 생기면서 역시 마이크로키메리즘 바이러스에 전염되었다. 이후 많은 연구자와 마찬가지로 마이크로키메리즘은 그가 가장 좋아하는 연구 주제가 되었다. 그는 마이크로키메리즘 연구에 자금을 지원받고 있지는 않지만 이 분야에 전념하고 있다. 시애틀에서 박사 후 연구원 과정을 밟으면서는 HLA 모자의 특정 패턴을 탐지할 수 있는 일련의 도구를 넬슨과 함께 개발했다. 이를 통해 남성 혹은 여성의 신체에서 다른 성별의 세포를 탐지하고 성별과 관계없이 그 세포가 속한 유기체를 식별할 수 있었다. 이 도구 덕분에 "HLA 조합을 밝히기 위해 그 사람의 DNA 표본을 가지고 있기만 하면" 특정 개인에게서 유래한 세포를 찾을 수 있게 되었다고 랑베르는 설명했다. 그의 연구팀은 이 혁신적인 접근법을 통해 또 다른 마이크로키메리즘의 원천으로 추정되는 존재를 확인했다. 바로 할머니들이다.[5]

외삼촌의 경우와 같은 추론을 여기에도 적용할 수 있다. 우리의 엄마들은 자궁에서 엄마의 엄마인 외할머니로부터 세포를 물려받았기 때문에 이론적으로는 우리가 엄마의 배 속에 있을 때 이 세포들을 전달할 수 있다. 랑베르는 낙태한 적이 없고 장기이식이나 수혈을 받은 적도 없는 건강한 28명의 임신부를 연구했다. 임신부들의 모친이 아직 살아 있어서 DNA 표본을 채취할 수 있었다. 연구팀은 임신부들이 출산할 때 제대혈 표본을 수집해서 신생아의 몸에서 순환하는 마이크로키메라 세포를 찾아봤다. 실험 대상이 된 전체 신생아 중 18퍼센트인 5명이 외할머니와 정확하게 똑같은 특징이 있는 세포들을 가지고 있었다. 자궁에서 엄마가 물려받은 세포들이 이후 엄마의 장기 중 한 곳에서 재생되었다가 태반을 다시 건너가 새로운 세대의 혈류에 도착한 결과였다. 회전목마를 또다시 탈 수 있는 탑승권인 셈이다.

나는 외할머니를 한 번도 만나보지 못했다. 엄마가 임신 소식을 전했을 때 외할머니는 임종을 맞이하고 계셨다. 나는 외할머니로부터 중간 이름을 물려받았다. 어쩌면 이름뿐만이 아니라 세포도 물려받았을지도 모른다. 할머니의 몸속에서 세포들이 죽어가던 그 순간 말이다. 문득 엄청난 광경이 떠오른다. 이 세포들이 내 장기 속 어딘가에서 위장한 채로 30년 동안 증식해 있다가 내 자식들의 몸속에 다시 침투할 수 있지 않을까? 4대에 걸쳐 혹은 그 이상 생존할 수 있지 않을까?

"안 될 건 없죠." 랑베르가 최근 발표된, 쥐를 대상으로 한 인위적인 세포 이식 연구[6]를 보여주며 말했다. 쥐의 면역세포계가 51마리의 몸을 거쳐 무려 10년간 생존할 수 있다는 내용이었다. 나는 현기증이 났다. 인간의 관점에서 51세대는 최소 1,000년을 의미하기 때문이다. 나의 모계 조상들이 1,000년 동안 스페인 남부 코르도바 칼리파국에서 살았을 것이라는 글을 인터넷에서 본 적 있다. 이 머나먼 조상들로부터 유래한 세포들을 내가 아주 조금이라도 간직하고 있을 수 있지 않을까? 모계 조상들의 세포계는 여러 몸속에서 보호받으며 전쟁과 이주, 기근에도 살아남아 시간의 흐름에 따라 세대를 이동할 수 있지 않을까?

여동생의 유용성

아인슈타인의 조언대로 과감하게 상상해보자. 모계 조상들의 세포가 세대를 옮겨 갈 수도 있다고 상상하는 순간 임신은 새로운 차원을 띤다. 세포 수준에서 임신은 영원한 생명에 대한 약속이 된다. 더 정확히 말하자면 생명'들'의 무한한 연속에 대한 약속이다. 덴마크 철학자 마흐릿 스힐드리크도 인정했다. "그렇습니다. 마이크로키메리즘은 우리에게 죽음은 절대적인 끝이 아니라는 것을 보여줍니다." 다른 개체들은 우리의 유전자 도서관이 살아남도록 만들고 출산을 통해 차례대로 이를 전달할 수 있다. 칼 세이건Carl Sagan 그리고 위베르 리브스Hubert Reevs 이후 우리는 인간이 별의 먼지라는 사실을 알았다. 인간을 구성하는 화학 원소들은 오래전에 죽은 별에서 유래했다. 세포의 일부도 오래전 죽은 공통 조상에게서 유래했을 수 있다. 물론 여기서는 수십억 년이 아니라 수백 년 혹은 수천 년에 대해 말하는 것이다. 무엇이건 간에 그것이 우리를 과거와 그리고 다른 사람들과 직접적으로 연결해주고 있다. 우리는 무수히 많고 무한하다. 그것만으로도 이미 대단하다.

나는 이 글을 쓰면서 이 말도 안 되는 가설 앞에서 모두가 평등하지는 않다는 사실을 깨달았다. 이 불평등만큼은 남성에게 불리하다. 구체적으로 말하면 막내로 태어난 남성들은 마이크로키메리즘의 진정한 막다른 길이라고 할 수 있다. 더 풀어서 이야기하면 남성은 여성과 달리 자기 세포를 아이에게 물려줄 수 없다. 반면 자기 세포를 엄마에게 전달하면서 과거로 거슬러 올라갈 수는 있다. 이후 엄마는 남자아이의 세포를 다른 배아에게 전달할 수 있다. 남성이 다음 세대에 도달할 유일한 기회는 이 새로운 배아가 여동생일 때다. 나중에 아이를 가지는 여동생은 오빠의 남성 세포를 자식에게 전달할 수 있다. 만약 여동생의 아이 중 딸아이가 있다면 그 과정은 계속 반복될 수 있다. 이렇게 남성의 경우에는 영생의 강물이 여동생을 거치게 된다. 그러나 막내 남성들은 걱정할 필요 없다. 마이크로키메리즘 연구자들의 상상력이 고갈되지는 않아서 또 다른 가설이 조심스럽게 돌고 있다. 이 가설은 막내들이 장자 상속권을 교묘히 피해서 불멸의 열망에 접근할 수 있도록 해준다. 심지어 새 가설에 따르면 더 이상 엄마 몸을 거치지 않아도 된다.

소녀들의 남성 세포

"제 머릿속은 마이크로키메리즘의 근원에 대한 문제로 가득 차 있습니다"라고 매즈 캄퍼요엔슨Mads Kamper-Jørgensen은 인정했다. 그는 5년 전 코펜하겐대학교에서 '마이크로키메리즘과 역학'이라는 연구 단체를 설립했다. 그는 2000년대 후반에 헌혈에 관해 연구하다가 마이크로키메라 세포를 접했다. "처음에는 오염

되었다고 생각했어요. 이 세포들이 혈액 제제를 처리하던 실험실에서 유입되었다고 여겼죠. 하지만 그게 아니라는 걸 금방 깨달았어요. 그 세포들은 어디에나 있었어요. 제가 우려한 점은 기증자의 혈액에 존재하는 마이크로키메리즘을 통해 질병, 특히 암세포가 전달될 수도 있다는 것이었죠." 몇 가지 반론 연구를 거친 후 스웨덴에서 35만 명 이상의 수혈자를 조사한 결과에 따르면 그러한 위험은 불가능했다.[7] 그러나 사전 예방을 위한 원칙 때문에 암 대다수는 여전히 헌혈 불가 사유로 남아 있다.

2015년 캄퍼요엔슨은 10~15세의 여자아이 154명을 연구했다. 이들 중 14퍼센트가 혈액에 남성 세포를 가지고 있었다.[8] "정말 예상치 못한 일이었습니다. 아무도 임신한 경험이 없었는데 말이죠"라고 캄퍼요엔슨은 당시 상황을 설명했다. 연구에 따르면 여자아이들에게 오빠가 있을 때 또는 엄마가 유산하거나 임신 중 수혈을 받은 적 있을 때 남성 세포의 양성 비율이 증가했다. 앞서 살펴본 가설들과도 일맥상통하는 부분이다. 그러나 이러한 요인들은 남성 마이크로키메리즘 양성 결과의 절반 미만밖에 설명하지 못했다. 게다가 한 가지 관찰이 들어맞지 않았다. 아이들의 나이가 올라갈수록(13~15세) 혈액 내에서 남성 세포가 발견될 가능성이 더 높았다. 지금까지 살펴본 바로는 마이크로키메리즘의 정도는 출산 후 오히려 감소하는 경향이 있었다. 어떻게 이 어린 소녀들이 성장하면서 점차 마이크로키메라가 될 수 있었을까? 대담하게도 논문은 믿을 수 없는 가설을 제시했다. 바로 성관계다. 연구자들이 인용한 한 조사에 따르면 15세 덴마크 여자아이들의 36퍼센트가 성관계 경험이 있다고 답했다. 이에 근거한 연구자들은 아이들 중 일부가 세포 통과를 막아주는 콘돔 없이 보호되지 않은 성관계를 가져 정액을 통해 세포를 전달받았을 수도 있다고 추측했다.

"이 가설은 말도 안 돼 보일 수 있죠. 그렇지만 마이크로키메리즘에서는 말도 안 되는 일이 아주 많다는 사실을 받아들여야 합니다"라고 캄퍼요엔슨은 긍정했다. 에이미 보디는 이렇게 지적했다. "나탈리 랑베르가 세포의 존재를 입증하기 전까지 할머니의 마이크로키메라 세포 역시 있을 수 없는 가설로 여겨졌다는 것을 떠올려보세요."

그러니 성관계 가설에 진지하게 관심을 기울여보자. 놀랍게도 과학자들은 아직 그러지 않지만 말이다. 남성의 사정액에서 무엇을 찾을 수 있을까? 물론 정자다. 이 세포들이 무한하게 분열하고 생존한다고 상상하기는 힘들다. 근본적으로 정자는 세포들이 기능하는 데 필요한 두 세트의 염색체(46개 염색체) 중 한 세트(23개 염색체)만 포함된 세포의 절반일 뿐이다. 그래서 난자가 수정된 후 하나는 아버지로부터, 다른 하나는 어머니로부터 받은 두 세트의 염색체를 갖춘 두배수체 수정란 세포가 형성된다.

그러나 사정액에는 그저 정자만 있는 건 아니다. 정자는 정액의 2~3퍼센트만 차지한다. 나머지는 단백질, 당, 호르몬과 더불어 다른 세포들로도 구성되어 있으며, 그중에는 면역세포도 있다. 이 세포들이 몸에 침투한 다음 달아날 수도 있지 않을까? 이식된 장기의 세포들이 그러듯 말이다. 다른 한편으로 사정액을 일종의 일시적인 '액체 이식'으로 볼 수는 없을까?

계산해보니 결혼 생활 15년 동안 여성의 몸에 행해지는 일시적 '정액 이식'은 대략 1,000번은 훌쩍 넘을 듯하다. 이렇듯 남성의 세포들은 질과 자궁을 둘러싼 혈관과 림프관을 모험할 기회를 여러 차례 얻는다. 이후 여행자 세포들이 림프절이나 골수 혹은 심장 속에 정착한다고 상상할 수도 있다. 물론 그 세포들이 수년 동안 생존하기 위해서는 줄기세포의 특성을 지녀야 할 것이다. 그렇기만 하면 세포들은 자가 재생되는 작은 무리를 출범시킬 수 있고, 그때부터 이 작은 남성 세포 무리는 임신 중에 다음 세대에게 전달될 수 있다. 막내 남성들이여, 이것이 바로 여러분의 세포를 후대에 전할 수 있는 해법이 될지 모른다. 그러니 사랑을 나누길.

해석의 다양성

믿기 어려운 이 시나리오는 이미 오래전부터 관찰되어온 현상을 설명해줄 수 있다. 여성이 파트너의 정액에 많이 노출될수록 임신 중에 고혈압 및 심한 부종이 특징인 전자간증에 걸릴 위험이 감소한다는 것이다.[9] 여성이 파트너를 바꾸면 이러한 이점이 사라졌다. 그리고 정자를 기증받아 이루어진 임신은 자연 임신보다 전자간증에 걸릴 위험이 더 컸다. 다른 연구 결과에 따르면 3개월에서 6개월 이상 성관계를 통해 파트너의 정액에 노출될 때 가임력이 향상되었다.[10] 실제로 정액에 대한 반복적 노출은 부계의 유전자 표지자에 대한 관용 프로세스를 전수하면서 파트너의 세포가 여성의 몸에 전달되는 데 이롭게 작용한다. 여기서 토머스 스타즐의 '선교사들'을 다시 찾아볼 수 있다. 이 과정은 여성 면역 체계가 이미 만난 적 있는 유전자 표지자를 보유한 잠재적 태아의 침입을 받아들일 수 있도록 준비시킨다.

나는 갈수록 이 가설을 터무니없이 여기려는 나의 본능적인 반응이 틀렸다는 것을 깨달았다. 나는 이 가설을 쥐에게 실험할 수 있는 최고의 연구 프로토콜을 랑베르와 함께 생각하면서 뜻깊은 저녁 시간을 보냈다. 랑베르는 웃으며 제안했다. "연구에 착수하기 전에 콘돔 브랜드에 투자해볼 만해요. 콘돔 판매가 급

증할 거라고 확신해요."

내 주변 사람들에게서도 볼 수 있듯 마이크로키메리즘의 가능성 있는 원천은 상상력에 불을 지핀다. '자기 안에 애인을', 어쩌면 심장 안에 영원히 가질 수 있어 기뻐할 듯한 여성은 사실 그리 많지 않다. 성적 학대를 당한 적이 있어서 그 남자의 것이라면 무엇이든 끔찍하게 여기는 여성들도 있고, 그 수는 생각보다 훨씬 많다. 여성이 유색인종 남성과 성관계하면 '오염'된다고 여기며 자신의 혐오증을 정당화할 새 구실을 발견해내는 우월주의자들도 있다. 또한 여러 사람과 성관계하는 여성들에게 오명을 씌우기 위해 이용하는 보수주의자들도 있다. 요컨대 저마다의 두려움과 욕망이 과학을 왜곡해 기존의 사회 균열을 더욱 부추긴다. 아인슈타인의 상상력에도 한계가 있는 법이다.

이 가설을 진지하게 고려하기 시작할 무렵 나는 몇 년 전 나를 마이크로키메리즘의 길로 들어서게 만든 초기 논문 중 하나를 떠올렸다. 리 넬슨이 저술한 그 논문은 여성의 63퍼센트가 뇌에 남성 세포를 가지고 있음을 밝혀냈다.[11] 그는 사망한 54명의 여성을 대상으로 연구했지만 세포들의 기원까지는 밝혀내지 못했다. 또한 뇌에 있는 것이 신경세포인지 다른 세포인지도 알아내지 못했디. 하지만 한 가지 사실은 분명히 지적했다. 마이크로키메라 세포는 혈액뇌장벽을 통과해 중앙 통제 시스템 안에 영구적으로 정착할 수 있다는 것이다. 이후 쥐를 대상으로 한 여러 연구는 태아 유래 세포가 정말로 출산 후 몇 주 만에 엄마의 뇌에서 신경세포로 변형될 수 있음을 시사했다.[12] 최근 발표된 또 다른 연구는 모체 유래 세포 역시 자식의 뇌에 침투해 신경 활동에 영향을 미칠 수 있다는 것을 밝혀냈는데 이 이야기는 다시 언급하겠다.[13] 그렇다면 성관계 파트너에게서 유래한 세포는 왜 안 되겠는가? 여기서 랑베르가 웃으며 한 제안의 의미를 알 수 있다. '여러 남성의 세포들이 머릿속을 가득 채우지 못하도록 자신을 지키세요!' 물론 누군가는 이 세포들은 무수히 많은 세포 중 몇 개에 불과하다고 반박할 수도 있다. 아마도 몇 개의 신경세포뿐이겠지만, 어떤 것도 '발화하지' 않는다. 단지 한쪽에서 전기신호를 받아 반대편으로 전달하는 데 그친다. 이 말이 옳을 것이다. 이 신경세포들은 자신들의 기원이 되는 개체의 기억과 사고 과정을 지니지 않는다. 그래도 썩 유쾌한 상상은 아니다. 남성들은 이미 우리 사회에서 많은 자리를 차지하고 있는데 내 두개골 안쪽까지 차지하려 한다니 말이다.

바벨어 해독

"상상력은 필연적으로 우리를 한 번도 경험하지 못한 세계로 이끈다.

상상력이 없다면 우리는 어디에도 가지 못한다."

• 칼 세이건 •

우리는 바벨탑의 세포 버전이다. 두 다리 위에 단단히 세워진 이 탑은 우리의 첫 번째 세포가 형성된 후 생을 마감할 때까지 전 생애에 걸쳐 만나는 타자성으로 가득하다. 타자성에는 인간의 타자성뿐만 아니라 우리 안에 사는 비인간인 수십억 개 미생물의 타자성도 포함된다. 바벨탑은 집단의 힘을 상징할 뿐만 아니라 하나의 공통언어가 절대적으로 필요하다는 것을 상징하기도 한다.

지금까지는 마이크로키메리즘의 기술적 측면을 주로 언급했다. 이를테면 어떤 세포들이 우리 안에 거주하는지, 어디에서 왔는지, 어떻게 정착하는지 등을 살펴보았다. 한편으로는 이러한 측면이 2000년대 중반까지 과학 연구의 핵심이었다. 그러나 더 이상 서술에만 그쳐서는 안 된다. 이 세포들이 하는 일을 이해하는 것이 중요하기 때문이다. 이들은 신체 구조물의 구성과 기능에 참여할까? 신체라는 거대한 바벨탑에서 어떤 역할을 맡고 있을까? 우리 고유의 세포와 같은 언어를 공유하고 있을까?

30년 전 마이크로키메리즘의 선구자들은 동료 학자들의 회의적인 시각에 부딪혔다. 당시엔 다른 수정에서 비롯된 세포들이 몸 안에 남아 있을 수 있다는 견해는 받아들여지기 힘들었다. 오늘날에는 이 세포들의 지속성을 더 이상 의심할 수 없다. 그렇긴 해도 여전히 많은 연구자가 수십만 개의 다른 세포 사이에서 길 잃은 소수의 세포를 연구하는 건 헛된 일 아닐까 반신반의한다. 비판도 계속되고 있다. 모체 유래 세포의 역할에 관한 여러 주목할 만한 논문을 저술한 독일 면역학자 페트라 아르크Petra Arck는 '마이크로키메리즘'이라는 용어가 도움이 되지 않는다고 주장했다. "사람들은 '마이크로'니까 중요하지 않다고 생각해요. 그렇지만 매우 적은 양으로도 마이크로키메라 세포들은 핵심적인 기능을 할 수 있어요." 프랑스 연구자 나탈리 랑베르 역시 의견이 같았다. "미세한 양으로도 강력한 결과를 낼 수 있습니다. 내분비 교란 물질처럼 말이죠. 마이크로키메리즘도 동일합니다." 각 세포를 개별적으로 추적하고 연구할 수 있도록 도와주는 새로운 생명공학 도구들 덕분에 마침내 마이크로키메라 세포의 경이로운 생애를 들여다볼 수 있는 창이 열렸다.

키아라시 코스로테리니는 2000년대 초 다이에나 비앙키의 실험실에서 논문을 작성하다가 키메라 하나를 만들어냈다. 이번에는 진짜 키메라였다. 바로 반딧불의 유전자를 가진 수컷 쥐였다. 그는 형질전환 기술을 이용해 수컷 쥐의 게놈에 반딧불 유전자를 인공적으로 삽입했다. 반딧불 유전자에 의해 발현된 생물발광 현상 덕분에 세포의 이동을 추적할 수 있었다. 유전자 변형된 수컷 쥐와 암컷 쥐를 교배시키자 부계 유전자를 물려받은 태아의 세포도 시각화할 수 있었다. 그리고 매우 약한 발광도 감지할 수 있는 일종의 암실을 이용해 암컷 쥐의 몸 안에서 태아 세포의 위치를 탐지했다. 코스로테라니는 태반 너머로 건너간 소수의 미세한 야광 유령 세포를 추적하는 데 수십 시간을 보냈다. 지루하고 반복적인 작업이었지만 그럴 가치가 있었다. 최초로 태아 세포의 이동이 실시간으로 빛을 내며 드러났다. 매혹적인 광경이었다.

코스로테라니는 2005년에 첫 번째 동적 매핑을 구현했다.[1] 여행자 세포들은 특히 폐에 친화력이 있는 것처럼 보였다. 에드가르도 카로셀라는 이렇게 지적했다. “임신한 여성들이 가벼운 기침을 하는 이유일 수도 있어요.” 떠올려보면 100여 년 전 게오르크 슈모를이 맨 처음 유목민 세포들의 이동을 의심한 곳도 폐였다. 이 당돌한 세포들은 폐를 넘어서 심장, 신장, 비장, 골수, 혈액, 뇌 등 임신 중인 암컷 쥐의 모든 조직에 침투했다. 이들의 발길이 닿지 않는 장기는 없었다. 초록 점의 수는 분만하는 순간

증가했다가 이후 몇 주 동안 감소했다. 일부 암컷의 경우에는 3주가 지나도 세포들이 발견되었다.

상처를 치유하다

어느 날 아침, 코스로테라니는 임신 중인 암컷 쥐 한 마리를 암실에 두고 미세한 형광 신호를 찾기 위해 모니터를 들여다보았다. 깜짝 놀랄 일이 벌어졌다. 쥐의 머리 부근에서 모니터를 뚫고 나올 것처럼 아주 커다란 형광 점이 나타났다. 그는 즉시 암컷을 꺼내 맨눈으로 관찰했다. 눈꺼풀 위에 꽤 깊은 상처가 나 있었다. 피가 나도록 밤새 긁은 것 같았다. 그는 즉시 논문 지도교수 비앙키를 호출했다. 비앙키는 단 한 가지의 이유를 알아차렸다. 태아 세포들이 상처에 이끌려 이곳으로 몰려든 것이었다. 코스로테라니는 천성적으로 용의주도한 성격이어서 결과물이 인위적일까 염려했다. 상처가 수분을 만들어내면서 빛 반사를 증가시킬 수도 있었다. 그래서 그는 임신 중인 암컷의 귀에 상처를 내고 생물발광을 잘 통제하면서 상황을 재현했다. 그리고 믿을 수 없는 결과가 반복되었다. 여러 개의 별똥별이 한 지점을 향해 떨어지듯 형광 점들이 상처 부위로 모여들었다. "정말 매혹적인 광경이었어요." 코스로테라니는 당시를 회상했다. 이렇게 암컷 쥐는 작은 생채기로 그와 다른 연구자들을 태아 재생 세포의 길로 끌어들였다.

오늘날 마이크로키메라 세포, 특히 태아 유래 세포의 여러 역할 중에서도 재생이 가장 많은 자료로 뒷받침되고 있다. 쥐의 피부 상처에서는 이 세포들이 혈관으로 변신하고 혈관 신생(기존 혈관에서 새로운 혈관을 형성하는 과정—옮긴이)에 가담하면서 상처 치유를 도왔다. 물론 이 세포들만 그런 것은 아니고 수도 많지 않다. 태아 유래 세포는 상처 부위의 세포 중 0.2퍼센트도 채 되지 않았다.[2] 그러나 한 번도 임신한 적 없어서 태아 유래 세포가 없는 암컷 쥐를 대상으로 동일한 실험을 한 결과, 상처가 더 느리고 덜 말끔하게 치유되었다.[3] 비록 수는 적지만 태아 유래 세포들은 중요한 역할을 했다. 아직 분명히 입증되지는 않았지만 인간의 몸에서도 같은 현상이 일어날 수 있을 것이다. 실제로 아일랜드 코크대학교의 연구자 킬링 오도너휴Keelin O'Donoghue가 제왕절개 상처 안쪽에서 '아마도 태아에서 유래한' 마이크로키메라 세포 상당량을 발견했다(남성 세포의 Y 염색체만 찾았지만, 여성 마이크로키메라 세포도 있었을 것으로 추정된다).[4] 이 세포 중 일부는 피부세포와 동일한 단백질을 발현시켰다. 즉 마이크로키메라 세포들은 혈관을 형성할 수 있을 뿐 아니라 피부를 재생하면서 상처를 직접 복구할 수도 있었다. 코스로테라니는 확신하며 말했다. "이 피부 상처 재생 현상을 본 적 있어요. 보스턴의 다이애나 비앙키 연구실과 파리의 셀림 아락팅기 연구실에서요. 그리고 여기 퀸즐랜드대학교의 제 연구실에서도 관찰했어요. 저는 세포의 재생 능력을 굳게 믿어요." 게다가 최근 연구들에 따르면 마이크로키메리즘의 도움을 받는 신체 기관은 피부뿐만이 아니다.

부서진 심장을 수리하다

영상 속 초록색 형광 세포들이 박동한다. 임신 중인 암컷 쥐들의 심장에서 몇 분 전 채취한 심장세포들이다. 초록색을 띠는 이유는 이 세포들이 태아에게서 왔기 때문이다. 나는 활동 중인 마이크로키메리즘을 처음으로 직접 보면서 오랫동안 감탄했다. 내 아이들에게서 유래한 일부 세포들이 지금 내 심장에서 뛰고 있을지 모른다고 상상하면서 말이다. 영상을 제공한 과학자 히나 초드리Hina Chaudhry가 고백했다.[5] "발견하게 돼서 정말 인상적이었어요." 뉴욕 마운트시나이병원의 의사 초드리는 '순전히 뜻밖의 운명에 의해' 우연히 마이크로키메리즘에 들어섰다. 때는 2004년이었다. 심장내과 의사인 그는 임신 중이나 그 직후에 발생하는 심장 질환인 분만 전후 심근병증peripartum cardiomyopathy에 걸린 두 환자를 진료했다. "두 환자는 최악의 경우를 고려해야 할 만큼 손상 범위의 상태가 좋지 않았어요. 그런데 몇 달 만에 심장이 새것처럼 회복되었어요." 그는 이런 사례가 있긴 하지만 아직 이유가 밝혀지지 않았다는 사실을 알게 되었다. 통계적으로 임신한 여성은 다른 심장 발작 환자들보다 회복이 잘되었다. 또한 여성들은 일반적으로 남성보다 심장 질환을 덜 겪는 편이다. 초드리는 그 이유를 알고 싶었다.

그로부터 8년 후 상당한 시간을 동료들과 자금 지원 기관들을 설득하는 데 보낸 초드리는 실험에 성공했다. 임신 중인 암컷 쥐와 태아의 생명을 위태롭게 하지 않고 심장 발작을 재현했다. 인내심을 대가로 얻은 성과였다. 그의 영상은 마이크로키메리즘의 작은 세계와 심지어 그 너머를 들여다보도록 해주었다.[6] 그의 연구팀은 발광 태아 세포의 약 40퍼센트가 태반에서 곧바로 유입되었고 나머지는 태아 자체에서 왔다는 것을 발견했다. 모체의 심장에서 이 세포들은 특히 손상된 부위에 자리 잡아 기능적인 심장근육세포나 혈관으로 변화했다. 야유와 의심은 사그라들었고 초드리는 현재 상당한 연구 자금을 지원받고 있다.

2019년 그는 또다시 모두를 깜짝 놀라게 할 연구를 진행했다. 수컷 쥐들의 혈류에 100만 개의 태아 세포를 주입하고 심장 발작을 일으켰다. 다시 한번 세포들이 심장의 손상된 부위로 이동해 수리하기 시작했다.[7] 초드리는 흥분하며 설명했다. "태아 세포가 모체 외의 다른 개체를 고칠 수 있다는 것을 처음으로 입증했죠. 태아 세포들은 모두의 몸에서 활동할 수 있는 거예요." 그는 이제 영장류를 대상으로 이 현상을 연구하길 기대하고 있다. 이번에는 후원자들이 줄을 설 것이다. 그동안은 관련 현상이 엄마들에게만 한정되었다고 여겨져 수익성이 크지 않다고 인식되었다. 하지만 이제 엄마들뿐만 아니라 남성을 포함한 모두에게 적용되는 치료법이 될 가능성이 있었다. 따라서 돈줄을 쥐고 있는 이들이 눈여겨볼 것이다. 더 이상 '여성의 이야기'만은 아니니 말이다.

태아 세포의 귀에 속삭이는 인간

마이크로키메라 세포가 특히 다친 부위로 이동할 수 있다면, 토착 세포들과 다른 세포들 사이에 일종의 의사소통이 이루어진다는 뜻이다. 바벨탑 신화에 나오는 공통언어처럼 말이다. 인간의 귀에는 들리지 않는 이 언어를 일부 과학자들이 해독하기 시작했다. 셀림 아락팅기는 "평생 연구 경력을 통틀어 가장 흥미로운 발견입니다"라고 고백했다. 그는 파리 코친병원 연구팀과 함께 쥐의 태아 세포 표면에서 한 가지 특이점을 발견했다. 케모카인 리간드 2CCL2라는 화학 분자의 수용체가 비정상적으로 많이 밀집해 있었다. 생화학-프랑스어 사전이 있다면 인간을 포함한 포유동물의 세포가 생산하는 이 작은 단백질은 '아야!'라고 번역될 것이다. 이 단백질은 상처 부위에 항상 있고 인간의 세포, 특히 면역세포를 끌어당긴다. 면역세포들 또한 이 특수한 수용체를 갖추고 있다. 주목할 차이점은 태아 세포의 '귀'는 성체 세포의 '귀'보다 훨씬 예민하다는 것이다. 태아 세포에는 CCL2 수용체가 100배 많다. 따라서 태아 세포는 CCL2 분자의 농도가 낮을 때도, 심지어 태반의 반대편에서도 이 신호를 훨씬 쉽게 '들을 수' 있다.

입증을 위해 연구자들은 암컷 쥐의 피부 상처에 CCL2 분자를 극소량 떨어뜨렸다.[8] 암컷 쥐가 임신 중일 때와 분만 후 6개월까지 발광 태아 세포가 상처 부위 쪽으로 이끌리듯 다가와 이전 연구들에서처럼 상처를 복구했다. 처녀 쥐에게서는 아무 일도 일어나지 않았다. 연구자들은 유전자 조작으로 태아 세포의 CCL2 수용체를 암호화하는 유전자를 '껐다.' 태아의 세포는 신호를 듣지 못하는 것처럼 상처를 치료하러 달려가지 않았다. 즉 세포의 복구 메커니즘이 작동하기 위해서는 이 수용체가 있는 태아 세포가 필요하다. 연구자들이 마이크로키메라 세포들의 화학적 언어를 해독하고 특별히 상처 치유를 돕기 위해 동원하는 데 성공한 것은 이 실험이 처음이었다. 로버트 레드포드가 감독하고 출연한 영화 〈호스 위스퍼러Horse Whisperer〉에 나오는 말과 사람에 관한 치유 이야기보다 훨씬 강력하다고 할 수 있었다. 아락팅기는 태아 세포의 귀에 속삭일 수 있으니 말이다.

이 속삭임이 쥐만큼이나 인간에게도 잘 작동하는지는 두고 봐야 한다. 그것이 아락팅기의 다음 목표다. 그는 이미 신호 경로를 사용할 수 있는 잠재적 치료법에 대한 특허를 출원했다. 이제 인간 태아 세포의 귀도 케모카인에 매우 예민한지 확인해야 한다. 만약 그렇다면, 그리고 이 분자가 낮은 용량에서 위험하지 않다고 증명된다면 다음 단계인 임상 실험으로 넘어갈 수 있을 것이다. 아락팅기는 앞으로 넘어야 할 모든 어려움, 특히 행정적인 어려움을 잘 알고 있기에 이를 '성배' 단계라고 표현했다. 따라서 CCL2를 삽입하면 손상된 조직의 복구를 도울 수 있을 만큼 충분히 태아 유래 세포를 끌어모을 수 있는지 확인해야 한다. 피부뿐만이 아니다. 그의 연구팀은 쥐의 뇌졸중을 고치는 과정에서 이 접근법의 이점을 증명했다.[9] 우선 이 치료법은 임신한 적 있는 여성에게서 시행될 것이다. "그것만으로도 수가 많죠"라고 아락팅기는 언급했다. 그러나 만일 소드리의 연구 결과가 입증된다면 궁극적으로 모든 성인이 태아 유래 세포 주사를 통해 혜택을 얻을 수 있을 것이다. 그러면 더 이상 임신을 거쳐야 할 필요가 없으므로 여성이 이러한 회복 잠재력의 혜택을 누리기 위해 낙태하는 윤리적 위험을 해소할 수 있을 것이다.

젊은이는 고치고 노인은 가르치고

우리의 바벨탑으로 돌아가보자. 세월이 흐르면 바벨탑은 필연적으로 손상된다. 그러면 장인들이 손상된 부분을 새것으로 교체한다. 장인들은 계단이나 부서진 석재, 금이 간 들보를 바꾼다. 인간의 경우 태아 유래 세포들이 보수공사에 참여하여 구조물을 복구하기 위해 새로운 재료들을 가지고 온다. 그렇다면 태아 시기 동안 도달하는 성체 세포들은 우리의 구조물이 형성될 때 무엇을 할까? "젊은이는 노인보다 더 빨리 걷지만, 길을 아는 건 노인이다"라는 아프리카 속담이 있다. 늙은 세포들이 우리의 태아 세포들에게 길을 알려주는 걸까? 성체 세포들은 젊고 순진한 세포들과 의사소통할 수 있을까? 실제로 우리가 자궁 안에서 획득한 모체 유래 세포들로 대부분이 구성된 성숙 세포들이 바벨탑에서 중요힌 역할을 한다는 증거들이 쌓이고 있다.

1990년대 말 아르크는 임신에 관한 20년간의 연구 끝에 마이크로키메리즘을 발견했을 때 고전적인 반응을 보였다. “처음에는 면역 체계가 왜 이 세포들을 거부하지 않는지 의아했어요.” 하지만 두 번째 의문이 그를 현재의 연구로 이끌어주었다. ‘이 세포들은 무엇이 될까? 바벨탑에서 역할이 있는 걸까?’ 대부분의 마이크로키메리즘 연구자들처럼 아르크는 처음에 자금 지원 기관들을 설득하는 데 어려움을 겪었다. 그러나 낙담하지 않았다. 이제 포기할 수 없을 만큼 큰 흥미를 느꼈기 때문이다. 2010년 아르크는 마침내 모체 마이크로키메리즘 연구에 대한 첫 지원금을 받았다. 얼마 지나지 않아 그의 연구 결과들은 전문가들의 극찬을 받았고 가장 명망 있는 학술지에 인용되었다. 함부르크에 있는 그의 연구소 ‘아르크랩Arck lab’으로 대학원생들이 몰려들었다.

2022년 여름 아르크의 연구팀은 쥐의 신경 발달에 모체 유래 세포가 하는 역할에 대한 흥미로운 연구 결과를 발표했다.[10] 이들은 모체 세포가 형광빛을 띠도록 만든 다음 태아의 두개골 내부로 이어지는 여정을 추적했다. 영상의 여러 뇌 영역에서 세포들이 작은 은하계처럼 빛났다. 이후 연구팀은 세포들을 분리해 구별했다. 대부분 면역 체계 세포인 B 림프구와 T 림프구였다. 나머지는 세포의 잔해를 제거하는 일을 맡아서 뇌의 ‘청소부’라는 별명이 있는 미세아교세포로 보였다. 그리고 더 적게는 신경세포들이 있었다. "남성들은 어머니로부터 유래한 신경세포를 가지고 있다는 가설에 당혹스러워하는 듯했어요. 반면 여성들은 더 편하게 받아들여서 놀랐습니다"라고 아르크는 전했다. 그는 마이크로키메리즘을 처음 관찰하는 학생들의 반응을 지켜보는 것을 즐긴다.

연구팀은 암컷 쥐가 태아에게 전달하는 세포의 수를 급격하게 줄이면서 B 림프구와 T 림프구가 없는 쥐 모델을 개발했다. 결과적으로 이 새끼 쥐들의 뇌는 다르게 발달했다. 미세아교세포는 훨씬 눈에 띄게 활동적이었다. 그리고 신경 연결을 갉아 먹기 시작하며 신경세포 간의 의사소통을 감소시켰다. 이 차이점은 생후 8일 된 쥐를 대상으로 한 행동 테스트에서 드러났다. 쥐들은 더 많은 소리를 내고 주변 환경을 덜 탐색하고 새로운 물체를 피했다. 아르크는 이렇게 설명했다. "결과를 보면 이 쥐들은 더 쉽게 흥분하고 주의력이 떨어지며 사회성 기술이 더 낮았습니다." 연구자들이 돌연변이 쥐들의 자궁에 B 림프구와 T 림프구를 주입하자 해당 림프구들은 태아의 신경 발달을 정상적으로 회복시켰다. 연구자들은 이렇게 주장했다. "모체 유래 마이크로키메라 세포들은 단순히 유출된 태반이 아닙니다. 나중에 뇌가 건강하게 기능하도록 최직의 조긴을 다듬는 기능적 메커니즘이라고 볼 수 있습니다."

면역 교육

마이크로키메리즘이 다듬는 장기는 뇌뿐만이 아니다. 이전 연구에서[11] 아르크 연구팀은 모체 유래 세포가 태아의 면역 체계에 작용하는 또 다른 역할을 내세웠다. B 림프구와 T 림프구가 없는 임신 중인 쥐들을 동일한 방식으로 연구한 이들은 감염 실험을 통해 모체 세포가 거의 없는 새끼 쥐들이 다른 쥐들보다 더 심한 고통을 겪는다는 것을 입증했다. 인간을 대상으로 한 실험에서도 이러한 현상을 발견했다. 혈중 모체 유래 세포가 가장 많은 신생아들은 생후 7개월에서 1년 사이에 가장 적게 감염되었다.[12] 출생체중, 산모의 나이, 백신 접종 또는 손위 형제자매 유무 같은 다른 영향들을 조정한 후에도 같은 결과가 나왔다. 연구팀은 논문에서 "모체의 마이크로키메리즘은 면역을 촉진하고 아기들의 초기 호흡기 감염에 대한 위험을 줄여준다"라고 결론 내리고 이 세포들을 아기들의 면역 예측 도구로 활용할 것을 제안했다. 아르크랩에서 8,000킬로미터 떨어진 미국 연구팀은 어떻게 태아 세포가 나중에 스스로를 더 잘 보호할 수 있도록 모체 세포가 '길을 안내'할 수 있는지 이해하기 시작했다.

나는 '이상하다', '놀랍다', '도발적이다' 등의 어휘를 휘트니 해링턴Whitney Harrington만큼 자주 사용하는 연구자를 본 적이 없다. 시애틀 아동연구소의 소아과 의사인 그는 자신의 가설을 처음부터 재검토하듯 모체 유래 마이크로키메라 세포에 대한 경험을 이야기해주었다. 그는 출생 직후의 신생아 체내에서 모체 유래 세포가 감소할 것이라고 생각했다. 하지만 그의 연구팀은 출산 후 15주 차에 세포 농도가 최고조에 이른 현상을 관찰했다.[13] 아직 이유를 밝혀내지 못한 뜻밖의 또 다른 연구 결과는 통계적으로 여아가 남아보다 모체 세포를 더 많이 보유하고 있다는 것이다. 하지만 해링턴을 가장 고무시킨 것은 바로 면역 교육 기능이었다. 그는 마이크로키메라 세포의 면역 교육 기능을 상세하게 기술하는 데 기여했다.[14]

연구자들은 면역 체계의 지휘자로 여겨지는 세포인 T 림프구가 교육자 역할을 한다는 것을 밝혀냈다. 기억력이 매우 뛰어난 지휘자라고 할 수 있다. 평생 마주친 모든 병원체에 대한 흔적을 항원이라 불리는 단백질의 형태로 간직하니 말이다. 그러니까 이 모체 세포가 태반을 건너면서 짐가방에 담아 오는 것은 외부 환경에 대한 기억이다. 일종의 병원균 초상화 모음집이랄까. 모체 세포는 모음집을 외부 환경 생존 지침서로서 아기의 미래 면역세포에게 보여준다. 해링턴은 이렇게 설명했다. "우리는 쥐와 인간을 대상으로 한 실험을 통해 이 림프구들이 태아의 순진한 면역세포에게 항원 정보를 전달함으로써 나중에 동일한 항원에 노출될 때 면역세포가 잘 반응하도록 만든다는 것을 입증했습니다." 여행자 세포들은 태아의 미성숙한 면역세포와 접촉하면서 엄마의 몸 밖에 도사리고 있는 위험을 예고한다.

그동안 우리는 면역 체계를 자기의 요새이자 비자기에 대한 방어 수단으로 여겨왔다. 하지만 여기서는 그것이 처음부터 비자기 덕분에 구축된다는 것을 알 수 있다. 뿐만 아니라 비자기들이 모든 외래 세포가 아니라 실질적 위험을 나타내는 세포들만 경계하라고 가르친다는 것을 알 수 있다.

살인 면허

그게 다가 아니다. 면역 교육은 어떤 병원균을 인식해야 하는지 알려주는 이론적 교육에만 그치지 않는다. 모체 세포는 실용적인 기술도 가르친다. 이를테면 죽이는 법을 가르친다고 넬슨은 간추려 말했다.

이러한 역할은 제대혈 이식을 통해 포착할 수 있다. 제대혈 이식은 신생아의 탯줄에서 채취한 혈액을 혈액질환이나 면역 체계 질환을 앓는 환자에게 이식하는 것이다. 왜 제대혈을 이식하는 걸까? 조혈모세포가 많이 들어 있기 때문이다. 조혈모세포는 적혈구, 혈소판, 각종 면역세포 등 모든 혈액세포를 만들 수 있는 줄기세포다. 조혈모세포를 통해 만들어진 혈액세포로 이식받은 사람의 병든 세포를 대체하는 것이다. 태아의 세포들은 '순진해서' 그 과정이 더 쉽게 진행된다. 태아 세포들은 성체 세포에 비해 환자의 면역 체계가 인식할 가능성이 더 낮기 때문이다. 1990년대에 모체 세포가 모든 태아의 혈액을 돌아다니는 현상이 관찰되고[15] 탯줄 혈액에 존재하는 림프구의 1퍼센트까지 차지할 수 있다는 사실이 밝혀지자[16] 모체 세포가 거부반응을 일으킬 위험을 증가시키지 않을까 하는 우려가 제기되었다.[17] 그러나 이식 초기에는 그러한 상황이 전혀 일어나지 않았다.[18] 게다가 태아의 모체에서 온 세포들이 장기이식 환자의 몸에 정착하고 예후를 개선할 수 있다는 것이 밝혀졌다. 특히 백혈병 환자의 경우는 재발을 방지해주었다.[19]

모체 세포들은 제대혈에 존재하는 모든 면역세포를 통틀어 1퍼센트밖에 되지 않는데 어떻게 그처럼 유익한 효과를 낼 수 있을까? 이 세포들이 환자의 암세포를 직접 공격하면서 행동한다고 보기는 어렵다. 수가 너무 적기 때문이다. 그러나 모체 세포는 태아 세포에게 위험한 세포를 공격하는 법을 가르칠 수 있다. 넬슨은 제임스 본드 영화를 언급하며 설명했다. "지희는 이러한 작용에 '라이선스 투 킬licence to kil'이라는 별명을 붙였습니다."

이 '살인 면허'는 모체에서 유래한 마이크로키메라 세포가 순진한 태아 세포에게 위험 물질, 이 경우에는 악성 세포를 공격하도록 훈련시킬 수 있음을 보여준다. "마이크로키메라 세포가 제대혈 이식에 유익하다고 확신해요. 이제는 마이크로키메라 세포를 적용하는 것을 고려해야 합니다"라고 미카엘 에이크만스는 주장했다. 현재 네덜란드 레이던대학병원 면역과에서 연구를 주도하는 그는 제대혈 이식을 받은 사람들의 몸에서 마이크로키메라 세포를 분리하여 그 현상을 더 명확하게 이해하기 위해 애쓰고 있다. 그러나 역시 동료들의 반응은 회의적이다. "사람들은 여전히 마이크로키메라 세포의 영향을 의심하고 있어요. 연구를 이어가기 위해서는 시간과 확신 그리고 돈이 들 겁니다."

포스의 어두운 면

"어두운 면이 더 강한 것은 아니다.

그저 빠르고 쉽고 유혹적인 길이다."

• 요다 •

흥미롭고 기나긴 조사 끝에 내가 확실하게 이해한 것이 있다. 마이크로키메리즘에는 완전한 흑도 완전한 백도 없다는 것이다. "이 세포들은 본질적으로 좋지도 나쁘지도 않습니다"라고 리 넬슨은 자주 말했다. 그는 초기 연구에서, 마이크로키메라 세포들이 자가면역질환에 미치는 잠재적이고 부정적인 영향에 초점을 맞췄다. 앞서 보았듯 연구 초점을 병리학적 상황이 아닌 건강한 개인에 맞추자 초기 가설의 모순이 드러났다. 마이크로키메라 세포들은 어디에나 있고 모두에게 있다. 게다가 손상된 장기에서 더 자주 발견된다고 해서 이들이 문제의 원인이라고 할 수는 없다. 세포들은 염증 신호에 이끌려 나중에 도착했을 수도 있기 때문이다. 우리를 도와줄 연합군으로만 마이크로키메라 세포를 상상할 수 있는 것은 큰 진전이라 할 수 있다. 나탈리 랑베르는 "마이크로키메라 세포가 최고의 일과 최악의 일 모두를 할 수 있다는 걸 알았어요. 균형의 문제죠"라고 요약했다. 현재 랑베르는 무엇이 이 세포들을 포스의 어두운 면으로 향하게 할 수 있는지 이해하기 위해 노력하고 있다. 복잡한 과제다. 스타워즈 이야기처럼 선과 악의 경계는 모호하고 유동적이기 때문이다. 생물학에서 종종 그렇듯이 그 경계는 여러 요인에 달렸다. 어떤 세포들이 언제 그리고 어디에 정착하는지, 수가 많은지, 어떤 단백질을 생산하는지 등 말이다. 치유하고 가르치던 세포들이 어떻게 해서 해를 끼칠 수 있는지 이해하기 위해 어느 날 포스의 어두운 면으로 돌아서는 '제다이 세포'의 모험을 그려보자.

줌아웃해보자. 제다이 세포가 나중에 태아가 될 모종의 어두운 행성 주위를 돌아다닌다. 제다이 세포의 첫 번째 임무는 무엇일까? 이 은하계를 떠나는 것, 즉 태반을 건너는 것이다. 제다이 세포는 일종의 여과 장치를 거친 후 나선형의 미세 혈관을 통해 교묘히 빠져나가 모체의 혈류에 접근한다. 적혈구들에 둘러싸인 채 혈류에 휩쓸려 이동한다. 현재로서는 어떠한 염증 신호도 우리의 세포를 소환하지 않는다. 제다이 세포는 혈액을 따라 떠돌아다니다가 무수히 많은 미세 모세혈관 중 하나를 타고 뼈를 통과해 골수에 도달한다. 이 해면 공간은 인체에 필수적인 줄기세포의 좌표다. 줄기세포는 자가 재생하고, 인간을 구성하는 다양한 조직을 만들어낼 수 있다. 시간을 초월한 이 동굴에서 우리의 제다이 세포는 곧바로 편안함을 느낀다. 제다이 세포는 평화로운 나날을 보낸다. 자신의 클론을 여러 개 만들고 일종의 유목민 제다이 정착지를 건설한다. 그러다 한 신호가 제다이 세포의 수용체를 간지럽히며 휴면에서 깨어나도록 만든다. 깨어난 제다이 세포는 자석에 이끌리듯 혈액 경로로 다시 떠난다. 염증성 분자들의 농도기울기를 뒤쫓다가 신호를 방출하는 세포들과 접촉한다. 그곳에서 제다이 세포는 새롭고 활동적인 삶을 시작한다. 증식하면서 딸세포 중 일부는 혈관이 되고, 다른 일부는 면역세포가 된다. 일부 세포들은 심장근육세포, 간세포, 피부 각질 형성세포 등 주변 세포와 똑같이 변하면서 카멜레온처럼 활동한다. 지금까지는 모든 게 순조롭고 모든 가능성이 열려 있다. 하지만 앞에서 예고했듯 이 장에서는 잘못 흘러가는 이야기를 살펴볼 것이다.

치명적 이끌림

우리의 세포가 상처나 손상된 심장 혹은 감염된 간이 아니라 형성되고 있는 종양에 도달했다고 상상해보자. 종양도 염증 신호를 방출하기 때문이다. 세포는 상처 내부에서 그러듯이 혈관을 만들기 시작할까? 그렇다면 치유가 아니라 종양 발달을 촉진하게 될까? 그럴 가능성이 매우 높다. 셀림 아락팅기와 키아라시 코스로테라니가 이끄는 프랑스 연구팀은 24명의 임신부를 대상으로 악성 흑색종과, 비정형적이지만 양성인 피부 점의 조직을 검사했다.[1] 결과에 따르면 흑색종의 63퍼센트에 태아 세포가 있었던 반면 양성인 점은 12퍼센트에만 태아 세포가 있었다. 흑색종에 있는 태아 세포는 실제로 혈관으로 변형되었다. 말하자면 암세포의 잠재적 아군으로 변했다. 이 때문에 순환하는 태아 세포의 농도가 가장 높은 시기인 임신 중 혹은 출산 직후에 피부암이 발병하면 일반적으로 예후가 더 나쁜 것일까?

유방암도 마찬가지다. 임신 중 또는 출산 직후에 유방암이 발생하면 더 위협적인 경우가 많다. 여기서 태아 유래 세포가 나쁜 역할을 한다고 봐야 할까? 이 가설은 믿을 만하다고 여겨진다. 임신과 관련된 호르몬을 포함해 다른 요인들도 개입할 수 있지만 말이다.

또 다른 시나리오는 이렇다. 우리의 제다이 세포가 항해 중인 신체에서 탄화수소 과다 노출과 관련된 피부 염증이 지속적으로 나타난다. 제다이 세포는 혈류를 타고 피부로 향한다. 세포는 수십 개 아니 수백 개의 다른 제다이 세포의 한복판에 놓인다. 우리의 제다이 세포처럼 다른 세포들 모두 흉부, 팔, 손 등 곳곳에 퍼져 있는 화재에 이끌린다. 대규모로 도착한 그들의 존재는 면역 체계의 눈에 띄지 않을 수가 없다. 염증 수치가 한 단계 격상되면서 점점 더 많은 마이크로키메라 세포를 끌어들인다. 소방관 자신이 방화자가 되면 화재를 어떻게 진압할까? 이 시나리오는 실화에서 영감을 받았다.

랑베르는 처음 그 이야기를 해주면서 이렇게 말했다. “그게 저의 유레카 순간이었죠.” 2010년 벨기에의 한 병원이 40세 남성의 혈액 표본을 랑베르에게 보냈다. 남성은 피부경화증과 유사한 증상이 있었다. 피부와 관절을 경직시키는 피부경화증은 주로 여성들에게 나타난다. 그 남성은 20년 전에 일하면서 탄화수소에 심각하게 노출되었다. 랑베르는 그의 혈액에서 엄청난 비율의 마이크로키메라 세포를 발견했다. 혈액세포 중 5퍼센트가 남성의 혈액세포와 다른 유전자 표지자를 지니고 있었다.[2] 두 개의 X 염색체를 가진 이 유목민 세포들은 여성의 몸에서 온 것이 분명했다. 놀랍게도 이 세포들은 남성의 모친에서 유래한 것이 아니었다. 누나로부터 온 것도 아니었다. 남성 부모의 DNA를 면밀히 분석한 랑베르는 이 세포들이 사라진 쌍둥이의 것임을 깨달았다. 그 남성과 동시에 발달을 시작한 여성 배아는 양수의 바닷속으로 은밀히 사라졌을 것이다. 그러나 여성 배아의 일부 세포들은 살아남은 배아의 몸속으로 들어가는 길을 찾으면서 소실을 피했다. 그리고 배아의 몸속에서 비밀리에 여러 무리를 형성했다. 40년이 지나, 피부 염증이 이 세포들을 곳곳의 둥지에서 나오도록 만들었다. 연구자들은 이 외래 세포들의 대대적인 침입이 면역 거부반응을 일으켰으리라고 추측했다. 면역 거부반응은 조직의 염증을 악화시킬 수 있고, 조직은 다량의 콜라겐을 생성하면서 반응한다. 콜라겐은 필수적인 섬유상 단백질이지만 과도하게 많으면 문제가 된다. 바로 이 콜라겐 때문에 피부와 관절이 단단하게 굳어진다. 랑베르는 "이러한 시나리오가 아마도 전형적인 여성 질환을 겪는 남성들에게서 일어나는 일"이라고 추정했다. 또한 마이크로키메라 세포가 상당히 축적된 여성들에게도 일어날 수 있는 일이다. 예를 들면 유산이나 낙태를 여러 번 경험한 여성들이 그럴 것이다.

사실로 확인되면 이 상황들은 이제껏 '자가'면역질환이라고 불렸던 질병에 접근하는 방식을 크게 바꿀 것이다. 사실은 우리의 면역 체계가 우리 고유의 세포들로부터 등을 돌리던 것이 아닐 수 있기 때문이다. 대신 기원이 다른 세포들 간의 면역반응 부작용을 겪는 현상이라고 볼 수도 있다. 이로써 왜 '자가'면역질환 환자의 80퍼센트가 여성이고, 일부 자가면역질환이 마이크로키메라 세포가 한창 많은 가임기 이후인 40~60세에 가장 많이 발병하는지를 설명할 수 있다.

마이크로키메라 세포를 깨우는 것

"오늘날의 쟁점은 더 이상 각자의 키메라를 죽이는 것이 아니에요. 무엇이 마이크로키메라 세포를 깨우는지, 무엇이 이 세포를 생체의 둥지 밖으로 나오도록 만드는지 밝혀내는 겁니다"라고 랑베르는 말했다. 마이크로키메라 세포를 깨우는 알람은 종양이나 심장 발작 같은 내부 요인일 수 있다. 하지만 벨기에 남성 환자의 경우처럼 특정 환경에 대한 노출 같은 외부적 요인일 수도 있다. 쥐를 연구한 결과에 따르면 플라스틱PVC을 만드는 데 사용되는 염화비닐을 주입하자 쥐의 몸 안에서 순환하는 마이크로키메라 세포의 수가 약 50배 증가했다.[3] 또 다른 연구에서 임신 중 담배 연기에 노출된 쥐는 폐에 많은 태아 유래 세포를 지니고 있었다.[4]

우리의 키메라를 깨울 수 있을 것으로 추정되는 또 다른 외부적 사건은 감염이다. 감염 또한 염증 신호를 생성하면서 몸속의 마이크로키메라 세포를 끌어당길 수 있다.

키메라 세포를 깨우는 방법과 이들이 도착하는 환경 외에도 이들을 밝은 면 혹은 어두운 면으로 돌아서게 만들 수 있는 또 다른 요소가 있다. 바로 세포들의 유전자다. 대표적인 것이 세포 모자의 패턴을 결정하는 HLA 시스템의 유전자다. 연구자들은 모체 세포의 패턴이 태아 세포의 패턴과 매우 유사할 때 세포 교환이 더 쉽게 일어난다는 것을 발견했다.[5] 넬슨은 HLA 호환성은 마이크로키메리즘에서 매우 중요한 요소라고 강조했다. 그러나 주의할 점이 있다. 너무 높은 호환성은 면역 체계에 혼란을 미칠 수 있는 듯하다. 예를 들어 여성이 자신의 HLA 패턴과 매우 유사한 패턴을 지닌 세포를 획득하면 언젠가 피부경화증에 걸릴 위험성이 높아진다. 면역 체계는 자기 세포와 '자기 유사' 세포 사이에서 혼란스러워하다 고장 나고 만다. 반대로 이미 아픈 여성은 태아 세포가 자신의 세포와 다를수록 임신 중에 증상이 완화될 가능성이 커진다.

질병의 원인인가, 결과인가

HLA 호환성 외에도 마이크로키메라 세포의 유전자는 사건 진행에 영향을 미칠 수 있다. 이유는 간단하다. 유전자는 인간의 생리에 영향을 줄 수 있는 단백질로 발현되기 때문이다. 이는 관절에 영향을 미치고 유전적 구성 요소가 명확하게 밝혀진 자가면역질환인 류머티스성 관절염에서 입증되었다.[6] 환자 대부분은 여성이었고 그중 80퍼센트 정도가 감수성 인자susceptibility factor로 확인된 유전자를 보유하고 있었다. 그러나 감수성 인자는 없지만 류머티스성 관절염을 앓는 여성들은 다른 사람들보다 발병 위험성이 높은 유전자가 포함된 마이크로키메라 세포를 더 많이 가진 경우가 빈번했다. 일부 여성의 마이크로키메라 세포는 말초 혈액을 순환하는 세포의 최대 0.5퍼센트까지 차지했다. 대조군 여성들보다 100배 높은 수치였다. 게다가 역학 연구 결과도 일맥상통했다. 여성 환자들의 자녀는 더 빈번하게 류머티스성 관절염 소인이 있는 유전자를 보유하고 있었다. 현재 마르세유의 연구소에서 쥐를 대상으로 연구하는 랑베르는 이러한 결과를 확인하고 생물학적 메커니즘을 밝혀내고 있다. "마이크로키메라 세포는 유전자에 따라, 그러니까 만들어내는 단백질에 따라 주변 환경을 크게 바꿀 수 있어요." 그는 웃으며 덧붙였다. "그러니까 남자를 잘 선택해야 해요."

다른 연구들도 이 견해를 뒷받침한다. 예를 들어 다운증후군 아이의 엄마는 나중에 알츠하이머병에 걸릴 가능성이 4~5배 높았는데, 아이 아빠에게서는 높은 위험성이 나타나지 않았다.[7] 태아에서 유래한 비정상적 마이크로키메라 세포의 영향으로 봐야 할까? 다른 요인들도 고려해야겠지만 이 가설은 배제되지 않고 있다. "엄마가 다운증후군에 걸린 태아를 낙태하면 기형을 지닌 세포들을 오히려 회수하는 일이 돼서 상황이 악화되는 걸까요?"

넬슨은 의문을 제기하며 '유전자의 작은 이동'[8]을 언급했다.

이러한 유전 형태는 당연히 부모에서 자식으로, 한 세대에서 다음 세대로 전달된다고 알려진 유전에 대한 보편적 시각을 뒤엎는다.[9] 이 가설대로라면 여성은 자녀로부터 유전자를 물려받을 수 있다. 시간을 거스르는 일종의 역방향 유전인 셈이다. 그리고 이 세포들이 생존하거나 사라진 쌍둥이 형제에게서 유래했다면, 이는 형제자매 간에 일어나는 수평적 유전이다. 하지만 궁극적으로 유전 방향에 상관없이 의미하는 바는 같다. 외부에서 유래했지만 장기 한가운데에 자리 잡은 세포의 유전자도 생리를 조절하는 데 참여할 수 있다는 것이다.

이 발견은 다른 종의 장기를 이식하는 수술인 이종이식의 맥락에서도 의미가 크다. 이종이식은 1999년부터 줄곧 국제적으로 유예되었지만 2022년에 절반에 가까운 성공이 나타난 이후 발전해왔다. 한 미국인 남성은 돼지 심장을 이식받은 후 2개월 동안 생존하는 신기록을 세웠다. 게다가 이 남성의 사망은 이식 거부와 관련이 없다고 메릴랜드대학병원의 외과 의사들은 설명했다. 이로써 이종이식의 적합성과 가능성이 세계 최초로 입증되었다. 전문가들은 인간이 장기이식의 새 시대에 들어섰다고 단언했다. 그런데 이들은 마이크로키메라 세포에 대해서는 어떻게 생각할까? 돼지 심장을 인간에게 이식하면 다른 장기를 방문한 돼지의 세포는 인간의 정상적인 생리에 얼마나 혼란을 초래하는가? 이러한 질문은 아직 논의되지 않고 있다.

일부 연구자들은 뇌의 키메라 세포가 산후 우울증, 조현병, 해리 정체성 장애 같은 심리적 문제를 일으킬 수 있다고 추측한다.[10] 이 세포들은 또한 파킨슨병, 알츠하이머병, 뇌전증 같은 신경 질환에 관여할 수도 있다.[11] 넬슨은 이렇게 회고했다. "그동안 관찰한 모체 유래 마이크로키메라 세포 중 농도가 가장 높은 것은 뇌전증을 앓던 아이를 수술하면서 채취한 뇌 조직에서 유래했습니다."

주의할 것은 연관성이 있다고 해서 인과관계 또한 있다고 볼 수는 없다는 것이다. 프랑스 배우이자 코미디언 콜루슈Coluche는 이런 농담을 했다. "아플 때는 특히나 병원에 가지 말아야 한다. 병원 침대에서 사망할 확률이 집 침대에서 사망할 확률보다 10배 높기 때문이다." 병원 침대에 있는 것과 사망 사이에는 정말로 연관성이 있다. 그렇긴 해도 병원 침대에 누워 있는 행위가 죽음을 초래하는 것은 아니다. 인과관계를 주장하기 전에 상관관계를 재현할 수 있는지, 다른 요인 때문에 편향되지는 않았는지 확인해야 한다. 또한 상관관계의 의미를 이해할 필요가 있다. 마이크로키메라 세포 증가는 질병의 원인일까, 아니면 결과일까? 이 모든 관찰 사이에 정말로 생물학적 일관성이 있는지 확인할 필요가 있으나 그 단계까지는 아직 갈 길이 멀다. 연구가 부족하므로 여기서는 가설을 세우는 데 그칠 수밖에 없다. 최초의 가설도 아니고 최근의 가설도 아니다.

좀비와
명주원숭이

"유일하게 안정적인 것은 움직임이다.

어디서든 항상."

• 장 팅겔리 •

1973년 생물학자 테오도시우스 도브잔스키Theodosius Dobzhansky는 이렇게 썼다. "진화의 관점에서 보지 않으면 생물학에서는 아무것도 의미가 없다." 그러나 '진화의 관점에서' 마이크로키메리즘을 밝히기란 쉬운 일이 아니다. 그 기원을 찾으려면 아무리 짧게 잡아도 우리의 먼 조상이 껍질 안이 아니라 태반 안에서 발달하기 시작했던 수천만 년 전으로 거슬러 올라가야 하기 때문이다. 바이러스가 촉발한 주요 사건은 첫 번째 장에서 이미 언급했다. 태반이 출현하여 엄마의 자궁 안에서 태아를 보호할 수 있게 되었을 뿐 아니라 세포들이 뒤섞일 수 있게 되었다. 다시 말해서 바이러스와 동물의 만남의 결과물이자 과거의 키메라에 관한 흔적인 태반은 세포들의 탈출을 조정하는 마이크로키메리즘의 주요 추진체가 되었다.

마이크로키메리즘은 인간과 실험용 쥐 외에도 모든 태반 포유류에 나타날 수 있다고 추정된다. 지금까지 쥐, 토끼, 개, 말,

소, 돼지, 그리고 여러 종의 원숭이를 포함해 약 12종의 동물만 연구됐지만 말이다. 그래서 여러 전문가가 이런 질문을 제기했다. 만약 이 특성이 아주 먼 기원에서 왔다면, 그래서 많은 종이 특성을 공유한다면 진화의 관점에서 이점일까? 진화라는 가차 없는 조각가가 마이크로키메리즘을 제거하지 않은 이유는 우리에게 유용하기 때문일까?

이 질문에 답하기 위해 객관적 사실과 통계에 근거할 수도 있지만 결국은 이를 크게 뛰어넘어야 한다. 가능성을 생각해내고 시나리오를 구상하며 상상력을 발휘해야 한다. 미국 하버드대학교 유기진화생물학과 교수 데이비드 헤이그David Haig도 인정한다. "진화생물학에서는 맞기보다 틀리기가 더 쉽습니다." 그는 틀리는 것을 두려워하지 않는다. 오스트레일리아 출신의 이 유전학자는 적응을 돕는 마이크로키메리즘의 역할을 내가 만나본 모든 연구자 중 가장 확신하며 역설했다. "엄마와 아이의 건강에 미치는 마이크로키메리즘의 영향들은 자연선택의 효과를 암시해요. 많은 포유류의 몸에 존재했고 지금도 존재하는 이 현상이 선택된 기능이 아니라면 말이 안 된다고 생각해요." 그러니 과감하게 가능성을 열어놓고 그 기능이 무엇일지, 혹은 무엇이었을지 상상해보자.

진화론의 관점에서 가장 중요한 것은 유전자를 다음 세대에 전달하는 것이다. 그런 점에서 임신은 결정적인 순간이다. 그러나 진화가 임신을 완전하게 순조로운 메커니즘으로 변화시켰다고 할 수는 없다. 세계보건기구WHO 통계에 따르면 엄청난 의학적 진보에도 불구하고 임신이나 출산 관련 합병증으로 전 세계에서 매일 800명에 달하는 여성이 사망한다. 평생 후유증이 남을 만한 심각한 합병증을 겪는 여성의 수는 50~100배 많다.[1] 태반의 반대편에서는 상황이 더 좋지 않다. 임신 후 며칠 만에 일어나는 배아 소실, 유산, 분만 중 또는 직후의 신생아 사망 등으로 대부분의 수정은 결실을 보지 못한다. 이것은 흔히 여기듯 임신이 그저 엄마와 태아의 아름다운 협력의 역사가 아닌 갈등의 역사라는 증거라고 헤이그는 주장한다. 이해관계가 어긋날 수 있는 상이한 두 개체의 갈등 말이다. 태아가 너무 많은 것을 요구하면 엄마의 생존이 위태로워질 수 있다. 반대로 엄마의 몸이 자원을 충분히 공유하지 않으면 태아의 생존이 위태로워진다. 그래서 태반 양쪽에서 살아남기 위한 전략과 대응책을 수립해야 한다. 수정이 일어난 직후부터 엄마와 아기의 갈등이 시작된다.

두 유기체의 전략과 동거

이러한 맥락에서 여행자 세포들은 몇 가지 결정적인 역할을 할 수 있다. 첫 번째로 추정되는 임무는 유전적으로 상이한 두 유기체의 동거를 평화롭게 만들고 이해관계를 뒤섞는 것이다. 캘리포니아대학교 샌타바버라의 진화생물학자 에이미 보디는 "가장 좋아하는 가설은 이 세포들이 임신을 시작하기 위해 필수적인 메신저라는 거예요. 이 세포들은 태반 확립과 9개월에 걸친 반半이물질의 정착을 돕는 교섭자일 수도 있어요"라고 말했다. 그는 적응을 돕는 마이크로키메리즘의 역할을 확신했다. 여기서 장기이식의 맥락에서 토머스 스타즐이 전개한 '관용의 선교사' 개념을 발견할 수 있다. 이 위대한 떠돌이 세포들은 수천 년 동안 여성의 배 속에 거주하는 기묘하고 '자연적으로 이식된 장기'의 존재를 관용하는 데 도움을 주었을 수 있다. 무엇보다도 거부반응을 일으키는 것을 방지하기 위해 모체의 면역 체계 세포에게 태아의 신분을 보증하러 오는 것일 수도 있다.

숙소를 얻어도 괜찮고, 식량을 얻는 것은 더 괜찮다. 모체의 조직으로 모험을 떠난 최초의 태아 세포 중에는 태반의 영양막 세포가 있다. 한 세기도 더 전에 마이크로키메리즘의 존재를 추정하게 해준 바로 그 세포다. 그러나 이 세포들은 모체의 혈관에 매우 일찍 침투한다. 세포들은 혈관의 직경을 확장해 태아에게 가는 영양분과 산소의 흐름을 증가시킨다. 어떤 면에서는 새집을 포위하면서 수도 밸브를 여는 것과 다름없다. 중요한 첫 단계지만 아기의 장기적 생존을 보장하기에는 충분하지 않을 것이다. 주요 밸브를 연 다른 태아 세포들은 모체에 일종의 해외무역관을 설치하기 위해 여행을 떠난다. 아무 곳에나 설치하는 것은 아니다. 진화론적 문제에 관한 논문에서 보디와 세 명의 미국인 동료 연구자가 추정한 바에 따르면 모체의 다른 자원을 손에 넣을 수 있는 핵심 장소에 설치한다.[2] 뛰어난 전술적 전략이다. 그럼으로써 자궁을 넘어서 태반의 경계를 확장할 수 있을 뿐만 아니라 시간적 한계를 임신 이후로 늦출 수 있다. 이 무역관들은 출산 후에도 신생아의 생존에 참여할 것이기 때문이다.

인간처럼 취약하게 태어나 곧바로 자력으로 움직이고 살아갈 수 없으면 두 종류의 자원이 매우 중요하다. 식량과 보호다. 식량을 얻기 위한 전략은 모유를 생산하는 유방 조직에 세포를 정착시키는 것이다. 여러 연구에 따르면 출산한 여성들 대부분의 유방에는 태아에서 유래했다고 추정되는 세포가 있다.[3] 쥐를 대상으로 한 여러 연구에서는 이 태아 세포들이 젖 분비 호르몬에 노출되었을 때 모유를 생성하는 세포와 '닮은' 세포로 변형될 수 있었다.[4] 따라서 탯줄 밸브가 차단되면, 태반을 떠나 유방으로 갔던 여행자 세포들이 2차 밸브인 모유 밸브를 개방하는 데 참여할 수도 있다. 분유가 발명되기 전에는 모유 밸브가 영양 자원을 얻을 수 있는 유일한 접근로였다. 아기에게 또 다른 장점도 있다. 이 세포들은 젖 분비를 촉진함으로써 오랫동안 엄마의 배란을 억제해 새로운 임신 가능성을 몇 달 지연시킨다. 자신의 필요를 충족하기 위해 가능한 한 오래 엄마를 독점할 수 있는 묘법이다.

신생아의 생존에 필수적인 두 번째 자원은 보호다. 출생 후 돌봄을 받지 못하면 신생아는 생존할 수 없다. 그렇기 때문에 부모, 여기서는 엄마가 신생아에게 애착을 갖도록 만들어야 한다. 그 부분은 뇌가 지휘한다. 연구자들이 여성 대부분의 뇌에서 남성 세포를 발견한 일을 기억하는가?[5] 물론 이 남성 세포들이 태아에게서 왔는지는 아직 증명되지 않았다. 하지만 쥐를 대상으로 한 여러 연구 결과는 이 세포들이 태아에서 유래했을 가능성이 매우 높고, 신경세포나 중추신경계의 다른 기능성 세포로 변형될 수 있음을 시사한다.[6] 그렇기에 태아의 세포들이 어떤 식으로든 모체의 뇌 기능에 영향을 미칠지 모른다고 생각해볼 수 있지 않을까? 예를 들어 이들은 신경세포에서 생성되며 애착과 관대함 그리고 공감 같은 여러 사회적 행동에 관여하는 호르몬인 옥시토신 같은 특정 분자를 만들 수 있지 않을까? 엄마의 애착 현상을 증폭하는 이러한 능력 때문에 자연선택이 태아의 마이크로키메리즘에 유리하게 작용했을 수도 있지 않을까? 보디는 “태아 유래 세포가 옥시토신을 생성한다고 증명한다면 정말 굉장한 일일 거예요”라며 큰 바람을 내비쳤다.

마이크로키메리즘은 좀비화 과정인가

이 가설 단계에서 연구자들은 태아가 엄마를 좀비화하는 것 같다고 생각했다. 실제로 자연에는 기생충이 특정 유기체를 조종하는 좀비화에 대한 놀라운 이야기들이 넘쳐난다. 목수개미의 뇌를 조종하는 곰팡이, 설치류를 조작하는 톡소플라스마 바이러스, 물고기를 떠다니는 부표로 변화시키는 유충 등 다양하다. 태아 세포들도 그럴까? 오로지 자기의 이익을 위해 모체를 조종할까? 태아 세포들이 엄마를 좀비로 만드는 걸까? 특히 헤이그가 제시한 ‘엄마와 자식 간 갈등’ 이론을 떠올려보면 엄마가 그저 두고 보기만 하지는 않을 것 같다.

사실 궁극적으로는 태아와 엄마 모두 상대의 생존과 평안에 관심이 있다. 보니는 그건 협상의 문제라고 주장했다. 그는 태아의 요구가 최적 상태를 넘어서는 것을 막기 위해 모체 조직이 출산 후 일부 마이크로키메라 세포를 제거하면서 불가피하게 적응했다고 강조했다. 갈등은 이 '최적 상태'를 넘어서는 경우에만 발생한다는 것이다.

기묘한 비교가 내 머릿속을 스친다. 나의 태아들은 벌써 십대가 되었다. 나는 여전히 아이들에게 지낼 곳과 먹을 것, 애정을 준다. 아이들은 여전히 자신들의 흔적을 온 사방에 남기고 있다. 소파에 흘린 부스러기, 계단에 널브러진 더러운 양말, 현관에 잔뜩 묻은 흙 자국들…. 때때로 아이들의 행동은 나의 '최적 상태'를 넘어선다. 그때마다 나는 한바탕 혼을 내곤 한다. 임신 중에 '최적 상태'를 넘어서면 조산, 유산 혹은 자간증, 태아와 엄마 모두에게 치명적일 수 있는 경련성 발작 등 더 심각한 합병증을 야기할 수 있다. 실제로 합병증이 발생하는 동안 모체의 혈액 내 태아 세포의 수가 증가한다는 사실이 관찰되었다.[7] 다시 밸브에 비유하면 궁극적으로 모체의 밸브를 너무 많이 여는 것과 같다. 모두에게 위험한 일일 수 있다.

헤이그는 이렇게 주장했다. "아이야말로 엄마가 건강한 상태인 것이 좋죠. 따라서 전반적으로 이 세포들이 모체에 해를 끼칠 것이라고 생각하지 않습니다." 자연선택은 태아뿐만 아니라 엄마에게도 유익한 효과들을 촉진하면서 마이크로키메리즘에 영향을 미칠 만한 충분한 시간을 보냈다고 그는 추측했다. 태아의 관점에서 장점은 많아 보인다. 자기 세포들을 태반 너머로 보내면서 숙소와 식량, 엄마의 애정을 확보한다. 그리고 자기 몸에 모체의 세포를 받아들이는 태아 세포들은 조화롭게 발달하는 신경과 면역 체계를 확보한다. 반면 엄마는 마이크로키메리즘에서 어떤 이익을 얻을 수 있을까?

여성들에 대한 보상

독자 여러분이 여기까지 잘 읽었다면 내 이야기가 더 이상 놀랍지 않을 것이다. 태아 유래 세포는 모체의 조직을 수리하는지도 모른다. 이 세포들은 특별히 염증이 있는 부위로 이동하면서 피부 상처가 아물도록 도울 수 있다. 뿐만 아니라 심장 조직과 심지어는 뇌 조직 상처의 치유까지 도울 수 있는 듯하다. 이러한 현상은 순환하는 태아 세포의 수가 가장 높은 때인 임신 중 혹은 출산 직후에 더욱 두드러진다. 이후에도 특히 마이크로키메라 세포를 동원하면서 계속 그럴 수 있다. 마이크로키메라 세포는 골수 안이나 다른 장기 안에 숨어 있을 것이다. 주변 환경에 따라 다양한 조직으로 변할 수 있는 줄기세포 형태로 잠들어 있을 것이다. 보디와 공동 저자들은 "줄기세포의 둥지 복원은 노화로 인한 부정적인 영향을 상쇄하여 엄마의 생존을 향상할 수 있습니다"라고 말했다. 넬슨이 말한 '젊음 치료법' 효과는 엄마와 자녀 모두에게 이점이 될 수 있다. 서로가 더 안전하면서 더 오랫동안 헌신적인 도움을 받을 수 있기 때문이다. "엄마 몸에서 나타나는 태아 세포의 지속성은 아이를 위한 일종의 생명보험입니다"라고 보디는 자주 설명했다.

이러한 재생을 넘어서, 태아 세포는 아직 밝혀지지 않은 다른 메커니즘으로 엄마의 생존을 향상하는 데 기여할 수 있다. 2014년 덴마크의 전염병 학자 매즈 캄퍼요엔슨과 그의 연구팀은 1990년대에 시작한 코호트 역학 연구에 참여한 50~65세 여성 172명의 혈액을 채취해 표본을 만들었다.[8] 여성 중 70퍼센트의 몸에서 남성 세포(여성 마이크로키메라 세포는 조사하지 못했다)를 발견했다. 놀라운 점은 1990년대에 마이크로키메리즘이 양성으로 나왔던 여성들은 30년이 지난 후의 사망률이 남성 세포의 흔적이 없었던 여성들에 비해 60퍼센트나 낮았다는 것이다. 왜 그랬을까? 암으로 사망할 위험이 '현저하게 감소'했기 때문이었다. 이후 연구팀은 역학 연구를 계속하고 있다. 여러 연구 결과는 이러한 이점을 확인해주었다. 혈액 내 남성 세포의 존재는 여성의 유방암이나 난소암 또는 뇌암이 발병할 위험이 감소하는 현상과 관련 있는 듯하다.[9]

이러한 관찰이 반드시 앞에서 언급한 흑색종 관련 연구에 의문을 제기하는 것은 아니다. 임신 중 또는 출산 직후에 많이 존재하는 이 세포들은 그 당시 발병한 암을 악화시킬 수 있지만, 나중에 생긴 종양인 경우에는 피해를 줄이는 데 기여할 수도 있다. 어떻게 그런 일이 가능할까? 캄퍼요엔슨은 한 가지 가설을 내세웠다. 적은 수준의 외래 세포의 존재는 면역 체계가 계속 경각심을 가지고 악성 세포에 더 빠르게 반응하도록 만드는지도 모른다. 그럴듯한 메커니즘이지만 아직 입증되지는 않았다. 게다가 다시 한번 말하지만 상관관계에 관한 이야기일 뿐 인과관계에 관한 것은 아니다. 캄퍼요엔슨이 연구에서 관찰한 암 사망률의 차이가 혈액을 순환하는 태아 세포의 영향을 받은 결과인 것을 어떻게 확인할 수 있을까? 이 연구들에서 흡연이나 비만, 병력 같은 요인들을 고려한다고 하더라도 "임신 중에 관찰된 차이점을 설명할 수 있는 요소는 임신 기간 동안 1만 5,000가지 정도 됩니다." 키아라시 코스로테라니가 여전히 이러한 역학 연구에 신중한 태도를 보이며 답했다.

페미니스트 연구로 유명한 덴마크 철학자 마흐릿 스힐드리크는 웃으며 말했다. "사람들은 그렇게 믿고 싶어 하죠. 그렇지 않나요?" 그렇다. 비록 연구들이 모순되고 불확실성이 크더라도, 물론 그렇게 믿고 싶다. 그런 관점에서 보면 마이크로키메리즘은 여성이 인류의 번식을 위해 치르는 막중한 의무에 대한 정당한 보상 같지 않은가? 육체적 쾌락을 즐기면서 손쉽게 다음 세대에 유전자를 물려주는 남성들에 대한 작은 보상처럼 말이다. 여성은 확실히 자녀의 생존을 위해 대부분의 위험을 부담하지만, 건강에 잠재적으로 유익한 세포를 회수함으로써 어느 정도 '보상'받을 것이다. 일부 연구자들은 심지어 마이크로키메라 세포 상속이 여성의 기대수명이 평균적으로 남성보다 5년 정도 긴 이유를 설명할 수 있다고 주장한다.[10] 그러나 이 가설은 위험할 수 있다. 고려해야 할 다른 요소가 많기 때문이다.

집단의 힘

마지막으로, 적응을 돕는 마이크로키메리즘의 기능을 지지하는 또 다른 가설이 있다. 인간의 세포들이 뒤섞이는 현상이 가족의 응집력을 향상할 수 있어서 선사시대에 생존율을 높였다는 주장이다. 이 가설은 브라질 토착종인 작은 명주원숭이 관찰 결과에서 비롯되었다. 명주원숭이의 사례는 마이크로키메리즘이 아니라 매크로키메리즘macrochimerism이라고 불린다. 외래 세포가 상당히 많기 때문이다. 그 이유는 잘 알려져 있다. 명주원숭이의 임신은 항상 여러 개의 배아로 시작되고, 임신 도중 서로 간에 혈관이 연결되기 때문이다. 따라서 모든 명주원숭이의 혈액 속에는 쌍둥이 형제자매의 세포가 있다. 인간과 마찬가지로 이 세포들도 다른 곳에, 모든 조직에 정착한다. 비장이나 간, 심장, 폐, 타액, 피부뿐만 아니라 난소와 고환에도 정착한다. 그래서 명주원숭이는 형제나 자매의 유전형질을 포함한 난자나 정자를 가질 수 있다. 2007년에 발표된 한 연구에 따르면 명주원숭이 세 가족 중 한 가족이 이러한 현상과 관련 있다.[11] 따라서 새끼에게 아빠는 삼촌이 될 수 있고, 엄마는 이모가 될 수 있고, 형제자매는 사촌이 될 수 있다. 더욱 놀랍게도 연구자들은 한 암컷이 수컷 쌍둥이의 유전형질을 물려준 사례를 관찰했다. 다시 말해서 암컷의 난자는 수컷 XY 세포로 구성되어 있었다. 전례가 전혀 없는 상황이다.

이러한 키메리즘으로 명주원숭이 가족의 놀라운 협동을 설명할 수 있다. 예를 들어 아빠 원숭이들은 새끼를 양육하는 데 정성을 쏟는다. 먼저 태어난 형제자매들도 마찬가지다. 온 가족이 어린 새끼를 기르는 데 협력함으로써 엄마 원숭이가 더 빠르게 다시 임신할 수 있도록 해준다. 연구자들은 훨씬 흥미로운 현상을 관찰했다. 아기 원숭이들에게 키메라 피부가 있으면 아빠 원숭이들이 더 많은 시간 동안 돌보았다. 연구자들에 따르면 피부는 '혈족 인식에 가장 크게 관여할 수 있는' 조직이다. 그런데 피부에 아기의 세포뿐만 아니라 쌍둥이의 세포들도 포함되어 있다면 더 많은 부계 유전자가 존재할 수 있다. 그럼 아빠들이 아기에게서 자신과 닮은 점을 발견할 가능성이 높아질지 모른다. "키메리즘은 일반적인 명주원숭이 수컷들이 새끼에게 보이는 이례적인 애착을 설명하는 데 도움이 될 수 있다"라고 논문 저자들은 결론 내렸다. 우리는 더 나은 양육 투자 분산에 대한 흥미로운 실마리를 얻게 될지도 모른다.

하지만 나는 흥분을 가라앉혀야 했다. 이 사례는 하나의 시나리오일 뿐이자 많은 가능성 중 하나였다. 진화생물학자 에릭 밥테스트는 차분하게 말했다. "우리는 종종 관찰에 의미와 기능을 부여하려고 합니다. 그러나 이러한 특성들은 그저 우연 때문일 수도 있고, 또 다른 특성에서 비롯된 뜻밖의 결과물일 수도 있습니다." 철학 박사이기도 한 밥테스트는 자신의 반론을 뒷받침하기 위해 반세기 전 생물학자 스티븐 제이 굴드Stephen Jay Gould가 내세운 산마르코대성당에 관한 비유를 동원했다. 아치의 모서리를 이루는 삼각형 공간인 스팬드럴spandrel에 그려진 일부 조각들은 "너무 정교하고 조화롭고 유용해서 우리는 그 조각들을 스팬드럴에 대한 모든 분석의 출발점으로, 어떤 의미에서는 원인으로 여기고 싶은 유혹을 받는다." 사실 스팬드럴은 건축적 제약에서 비롯된 공간이고, 이후 조각가들은 작품을 만들기 위해 이 공간을 활용했다.[12] 여기서는 대성당의 아치를 태반으로 대체할 수 있다. 태반이 건축적 제약인 셈이다. 태반이 태아의 생존에 필수적인 영양소와 분자들뿐만 아니라 마이크로키메라 세포들의 통과를 허용한다는 사실은 완전히 불필요한 부차적 효과에 지나지 않을 수 있다. 다만 우리가 그 부차적 효과를 과장해서 이야기하고 있는지도 모른다.

또 다른 가능성도 있다. 과거에는 마이크로키메리즘에 특정 역할이 있었을 수도 있지만, 이러한 세포 교환이 현대에는 더 이상 유용하지 않게 되었을 수도 있다. "마이크로키메라 세포들이 필수적 역할을 하는지 아닌지를 알 수 있는 유일한 실험은 이 세포의 이동을 막는 겁니다"라고 밥테스트는 추측했다. 인간에게는 불가능한 실험인 듯하다. 그러나 인공 자궁을 연구하면서 언젠가 동물을 대상으로 이 시나리오를 실험해볼 수 있을지도 모른다.

인간종에 대한 마이크로키메리즘의 기능을 이해하려고 애쓰는 사람들이 있는 한편 다른 사람들은 이런 의문을 제기한다.[13] 적응을 돕는 마이크로키메리즘의 장점을 우리가 판단하기에는 규모가 적절하지 않을 수도 있지 않나? 만약 우리가 배 속이나 개체에 계속 집중하지 않고 인간을 인간과 미생물에서 유래한 세포 집단, 나아가 유전자 집단으로 간주한다면 어떨까? 그럼 인간의 각 구성 요소는 각자의 이익을 얻을 수 있다. 수렴하는 것도 있고 그렇지 않은 것도 있을 것이다. 우리의 전체적 균형은 구성 요소들의 상호작용에 달려 있다. 이 정도 규모에서는 마이크로키메리즘이 특히 유익해 보인다. 마이크로키메리즘은 몸을 가로지르고 시간을 가로지르는 영원한 항해에 들어서는 문이 아닐까?

이제 나는 이렇게 확신한다. 내가 세포라면 마이크로키메라 세포가 되길 꿈꾸겠다고.

면역학을 녹색화하기

"우리의 키메라는 우리를 가장 닮았다."

-빅토르 위고

2011년 브라질 지질학자들이 아마존강의 4,000미터 깊이 지하에서 대서양 쪽으로 천천히 흐르는 거대한 강의 존재를 밝혀냈다. 이처럼 거대한 유수는 처음으로 발견됐다. 2014년에는 미국 지질학자들이 400~700킬로미터 지하의 맨틀에 존재하는 거대한 물 저장소를 발견했다. 내가 사는 베르코르산맥에 있는 지하 강들은 산을 이루는 석회암의 기공과 굴곡 때문에 굽이굽이 흐른다. 오랜 지질학적 역사의 산물이다.

나는 이번 조사를 마치고 나서 인간 고유의 지하 강을 밝혀냈다고 느꼈다. 그 강에서 인간은 자신의 세포를 떼어주고 다른 사람의 세포를 받아들인다. 기슭에서 떨어져 나와 강물에 휩쓸려 가서 다른 곳에 다시 침전되는 수많은 퇴적물처럼 말이다. 우리를 뒤섞고 순환시키는 이 강은 우리를 가로지른다. 우리의 가장 내밀한 풍경을 만들어내며 시간이 멈춘 경계가 없는 강. 철학자이자 진화생물학자 에릭 밥테스트는 언젠가 이렇게 말했다. “당신의 마이크로키메리즘 이야기를 들으니 누수 현상이 떠오르네요.” 몸의 가장 작고 깊은 구석에서 무언가가 흘러나오고 있는 것 같다고 말이다.

신비롭고 구불구불하고 익살스러운 유출에 관한 비유는 마이크로키메리즘을 통해 드러난 과학의 진보에 대한 이미지와도 비슷하다. 이 순간에도 만들어지고 있는 과학은 결코 고요히 흐르는 강이 아니다. 뜻밖의 길에 접어들고 시행착오를 거치며 나아간다. 너무 빨리 확립된 확신을 벗어나 흐르기도 하고, 성급하게 공식화된 학설들을 휩쓸어버리기도 한다. 때로는 단단히 자리 잡은 학설에 부딪힌다. 여기서는 모든 외부의 침입에 맞설 준비가 된 군대처럼 방어적인 면역 체계에 대한 학설이 특히 압도적인 댐 역할을 했다. 20세기 내내 지배적이었던 면역에 대한 관점으로는 기능장애, 병리 과정의 범위를 벗어난 외래 세포의 지속성을 고찰할 수 없었다. 다이애나 비앙키는 마이크로키메리즘에 대한 첫 번째 논문이 마침내 학술지에 실리기까지 3년이라는 시간을 기다리며 인내해야 했다. 이후 리 넬슨이 마침내 건강한 개인으로 연구의 초점을 바꾸기까지 3년이라는 시간이 더 필요했다. 당시 연구자들은 이 현상이 그저 편재한다는 것을 발견했다. 마침내 댐에 금이 갔다. 우리는 모두 키메라이며, 타자는 우리 모두의 안에 있다. 우리는 자신의 세포와 분명하게 구분되는 괴물 같은 세포들을 찾기 시작했다. 이 세포들이 우리 조직에 완벽하게 통합되어 나름의 기능을 하고 있으며, 심지어 조직을 복구하고 재생할 수 있다는 것을 깨달았다.

그런데 우리는 본래의 수정란에서 비롯된 세포들을 식별하기 위해 '자신의'라는 표현을 여전히 사용할 수 있을까? '자신의' 세포라고 표현하는 이유는 그저 소유하고 있기 때문일까? 이 세포들이 오로지 우리에게만 속해 있기 때문일까? 자기와 비자기가 매우 밀접하게 뒤섞여 있다면 여전히 자기와 비자기라고 말할 수 있을까? 이전 지표들은 산산조각이 났다. 과학역사가 아린 마틴은 이렇게 요약했다. "마이크로키메라 세포들은 우리가 자신이라고 생각하던 실체가 아니라는 사실을 깨닫게 만들기 위해 박테리아 동료들과 합류했다." '나'는 '하나의 우리'다. 우리의 특이성은 모든 외부 요소와의 무자비한 투쟁에서 유래하지 않는다. 특이성은 그 요소들의 뒤섞임에서 비롯된다. 이 섬세한 '공동의 건축물' 안에서 다양한 인간 세포와 비인간 세포들이 우리를 풍부하게 만든다.

마이크로키메리즘에 대한 발견이라는 구불구불한 흐름을 거슬러 올라가다 보면 또 다른 장애물이 나타난다. 경계에 대한 우리의 본능적인 욕망이다. 이 욕망은 과학의 통행을 막는 수많은 작은 제방처럼 작용한다. 실제로 우리는 경계선을 세우려는 애석한 경향이 있고, 경계선이 세워지면 물샐틈이 없다고 여긴다. 그러나 자연은 경계선이 무용한 데다 우리의 학설을 빗나간다. 태반을 아기에게 필수적인 영양소와 기체만 통과할 수 있는 장벽으로 여기는데 어떻게 세포가 양방향으로 순환한다는 견해를 받아들일 수 있을까? 뇌를 보호한다고 여겨지지만 타인의 세포를 통과시키는 '혈액뇌장벽'도 마찬가지다.

마이크로키메리즘은 또한 시간의 경계를 흐리게 한다. 우리는 어머니나 할머니에게서 유래한 세포를 회수할 뿐만 아니라 태아라는 미래로부터 세포를 물려받는다. 마이크로키메리즘은 죽음의 경계까지 흐트러뜨린다. 나의 마이크로키메라 세포는 나의 죽음에서 살아남을 수 있기 때문이다. 이 세포들은 인간을 유한성에 직면한 존재의 연속이 아니라 시간을 초월한 공존의 관점에서 생각하도록 만든다고 철학자 마흐릿 스힐드리크는 말했다.[1] 신체의 경계조차 허물어진다. 이 세포들은 여러 개체 사이에서 일종의 연속성을 만들어 우리에게 타자로 확장된 자기를 제공하기 때문이다.

만약 우리가 단 한 번도 개체였던 적이 없다면? 정의에 따르면 개체는 독립적이고 불가분한 실체다. 그러나 세포 수준에서 우리는 독립적이지도 불가분하지도 않다. 유기체가 개체로서가 아닌 다중적인 존재이고 군집으로서 진화에 의해 선택되었을 수 있을까?[2] 우리가 동질적이기보다는 키메라일 때 더 효율적이고, 어쩌면 더 회복력이 좋을 수 있지 않을까? 생태학자들은 오래전부터 알고 있었다. 생태계의 종이 풍부할수록 생의 시련을 더 잘 극복할 수 있다. 단일 유전체로 구성된 생태계는 병원균, 가뭄, 오염 등의 작은 재난에 특히 취약하다. 그런데 왜 우리는 개체에 대해 같은 생태학적 관점을 채택하지 않는 것일까? 우리 또한 연구자들이 말하는 복합적 결합체인 '홀로바이온트holobiont'(숙주와 숙주 주변에 사는 다양한 종의 집합체를 의미하는 단어로, 통생명체 혹은 전생명체로 번역된다—옮긴이)이다.

우리의 몸은 넘쳐나는 환대를 보여준다. 완벽하게 균일하고 독립적인 하나의 수정란에서 시작되어 스스로를 구성하는 개체에 대한 견해는 신화에 가깝다. 어쩌면 집단보다 개인에 초점을 맞추고, 팀의 시행착오보다 자수성가한 개인의 실현을 더 높이 평가하는 현대 서구 사회의 이상에 딱 맞는 신화일지 모르겠다. 그러나 실제로 우리는 호전적인 면역 체계가 외부로부터 보호하며 완벽하게 분리된 경계선을 지닌 외딴섬이 아니다. 우리를 구성하는 요소들을 실어 나르는 공동의 강물에 의해 관개되고 경계가 모호한 풍경이다. 그 균형이 모든 구성 요소의 상호작용에 달려 있고 영구적으로 공동 구성 중인 집단이다. 그렇기에 다양한 구성 요소를 결속하는 하나의 힘처럼 작용하는 면역 체계라는 개념이 나왔다. 이 관점에서는 구성 요소 간의 '다름이 바로 전체 세계를 유지시킨다.'[3] 면역학을 '녹색화'해야 할 때가 온 것이다.[4]

우리는 처음부터 타자와 얽히고설켜 있다는 개념이 내 마음을 사로잡았다. 나는 정체성이 타자와 함께, 타자를 통해 만들어지는 것이지 한 번에 주어지는 것이 아니라고 생각하길 선호한다. 또한 소유와 기원에 대한 개념을 몰아낸 것도 마음에 들었다. 세어보니 '내 고유의 세포' 중에는 (성관계가 마이크로키메리즘의 근원이라는 가설은 제외하더라도) 최대 10개의 다른 '주인'이 존재할 수 있다는 결론이 나왔다. '어디서 오셨어요?'라는 불변의 질문은 '무슨 일을 하세요?'로 대체된다. 우리가 수정란의 '내부'에서 유래했는지 '외부'에서 유래했는지는 그리 중요하지 않다. 중요한 건 상호작용하는 방식이며, 우선시할 것은 창조의 새로운 양상이다. "일반적으로 인간이 세상에 산다고 말하지만, [...] 사실 세상이 인간에 산다는 주장도 정당하다. 인간은 언제나 인간이든 비인간이든 자신을 둘러싼 타자성으로 가득 차 있기 때문이다." 과학철학자 토마 프라되와 면역학자 에드가르도 카로셀라의 책 《정체성, 타자의 몫L'identite, la part de l'autre》에 나오는 문구다.[5]

나는 이것이 그저 여러 해석 중 하나임을 잘 안다. 나의 욕망, 나의 투영과 관련한 해석이란 것 말이다. 많은 사상가는 우리가 얼마나 과학에서 자기 세계관에 대한 증거를, 물리학자이자 과학철학자 에블린 폭스 켈러의 말을 빌리자면 "듣고 싶어 하는 이야기를" 찾으려는 경향이 있는지 강조했다.

다양한 해석 중 가장 일반적이고 가장 나를 짜증 나게 하는 해석은 다음과 같다. '자연은 아이와 여성을 매우 내밀하게 결속시켜준다. 이것은 여성이 있어야 하는 자연의 자리가 아이의 곁이라는 증거다.' 앞서 본 것처럼 일부 사람들은 낙태에 반대하기 위해 마이크로키메리즘을 같은 방식으로 이용한다. 낙태는 '엄마와 아이를 영원히 연결하는 생물학적 관계를 끊는 일이기 때문에', '아기의 세포는 평생 엄마 몸속에 살면서 글자 그대로 엄마 목숨을 위해 평생 싸울 것이기 때문에' 말이다.[6] 나의 해석과는 반대로 이런 해석은 소유와 기원의 개념에 집착한다. 그들의 해석대로라면 세포는 개체의 소유물로 남고 개체의 특성을 간직한다. 세포는 개체의 의도를 가지고 행동한다. 기원이 되는 유기체의 생각과 욕망대로 행동하는 것처럼 자유의지를 가지고 있다. 즉 세포의 기원이 세포의 현재 역할보다 중요하다.

그러나 이 세포들이 별개의 수정란에서 유래했더라도 세포 자신은 기원이 된 개체를 겪어본 적이 없다. 우리 세포 대부분은 수명이 몇 시간에서 길어야 몇 년 정도다. 세포들은 우리의 몸에 처음 여행 온 이후 여러 차례 분열을 겪었다. 우리 안에 살고 있는 마이크로키메라는 선구자 세포들의 후손이다. 더 이상 초기의 그 여행자 세포가 아니다. 이를테면 누구도 자신의 십 대 자식을 '우리 태아'라고 부르지는 못할 것이다. 그렇다면 우리는 왜 수년 전부터 태아 세포가 아니었던 세포들을 태아 세포라고 계속 부르는 걸까? 이 세포들은 새로운 환경에서 분열하면서 오랫동안 적응하고 불변의 DNA 염기서열을 뒤엎고 염기서열에 대한 판독을 바꾸었다. 이를 후성유전학이라 말한다.

후성後成, 글자 그대로 '유전자 이후에 갖추어진 것'을 가리킨다. 실제로 세포나 유기체의 환경은 일부 유전자를 활성화하고 다른 유전자를 억제하면서 DNA의 생화학 판독에 영향을 미친다. 이러한 메커니즘 덕분에 유전체가 동일한데도 불구하고 피부세포는 뇌세포와 다르게 행동한다. 후성유전학은 두 일란성쌍둥이가 완전히 똑같지 않은 이유도 설명한다. 또한 화학물질에 대한 노출이나 스트레스, 심지어 식습관이 유전자 발현을 변화시킬 수 있다는 것을 보여준다. 우리 인간의 유전체를 지휘자에 따라 다양하게 해석할 수 있는 악보로 봐야 한다. 태아 유래 세포는 어디에 정착하느냐에 따라 교향곡을 다르게 해석한다. 이들의 협주곡은 배아 발생 초기 동안 연주되던 곡과는 더 이상 상관이 없다고 볼 수 있다.

생물학자이자 페미니스트 리사 위즐Lisa Weasel에 따르면 과학 담론은 종종 "지배적인 사회적·문화적 고정관념을 자연적으로 보이게 함으로써 고정관념을 강화하는 데" 사용된다.[7] 마이크로키메리즘에 대한 여러 반동적 해석에서도 이러한 일들이 일어난다. 미시적 규모의 자연적 관련성에 대한 이러한 해석은 사회를 수천 년 동안 구조화해온 권력관계를 정당화하는 역할을 한다. 마이크로키메리즘은 여성을 가정의 틀 안에 가둬두었던 사회의 구성 과정을 은폐하는 데 아주 적절하다. '보세요. 그건 자연의 섭리예요'라고 정당화할 수 있다. 때로는 신이 이 자연을 대체한다. 실제로도 마이크로키메리즘에 대한 종교적 해석들이 제시되고 있으며, 개신교에서 더욱 그렇다. 신의 삼위일체를 본떠서 '여러 사람의 교감'[8]에 대해 이야기한다. 몸속 아기 예수 세포의 존재를 성모 마리아의 영생에 대한 증거로 삼으려는 사람들도 있다. 프랑스 연구자 나탈리 랑베르에 따르면 심지어 마이크로키메리즘이 마리아의 동정에 대힌 과힉적 증거가 될 수 있는지 묻는 사람도 있다.

더욱이 이러한 해석들은 거기서 멈추지 않을 위험이 있다. 에이미 보디와 토마스 크로나이스가 이끄는 새로운 국제 프로젝트 '마이크로키메리즘, 인간의 건강과 진화'는 존템플턴재단의 자금 지원을 받고 있다. "비관주의가 절정에 달했을 때 투자하고 낙관주의가 절정에 달했을 때 되팔아라"라는 신조를 지닌 미국 투자자 존 템플턴John Templeton은 1972년 템플턴상을 만들었다. '종교에 대한 새로운 지식을 가져다주는 발견에 보답하기' 위해서였다. '종교 발전'의 중요성을 강조하기 위해 노벨상보다 상금도 더 높이 정했다.[9] 1987년 그는 재단을 설립했고 몇 년 후 주요 활동 분야를 다음과 같이 정했다. '창조주의 사역과 목적을 이해하기 위한 과학적 방법 활용, 종교 발전을 탐구하거나 고취하는 학문 연구, 그리고 종교의 이점에 관한 연구.' 현재는 그의 손녀 헤더 템플턴 딜Heather Templeton Dill이 재단을 이끌고 있다. 과학 분야에서 종교에 대한 언급이 공공연하게 드러나는 것은 아니지만 언제나 존재한다. 이 재단이 자금을 지원하는 모든 프로젝트의 연결점은 무엇일까? "찬미와 경이로움을 고취하고 의미 있는 삶이 무엇인지 인류가 이해하도록 돕고 있다"라는 글을 재단 웹사이트에서 찾아볼 수 있다. 템플턴 가문은 재단 외에 정치적 대의에도 투자한다. 2008년 존 템플턴 주니어John Templeton Jr는 캘리포니아에서 동성결혼을 금지하는 데 성공한 캠페인에 100

만 달러 이상을 기부했다. 이 재단이 마이크로키메리즘 연구팀의 결과를 어떻게 해석하고 이용할 것인지에 당연히 의문이 제기될 수밖에 없다. 물론 그 연구팀의 과학자들이 의문을 공유하지 않더라도 말이다.

살아 있는 세계에 대한 관찰을 인간 사회에 대한 이데올로기적 해석과 연결하고 싶어 하는 욕망은 불가피한 것 같다. 그러나 생각과 믿음을 견고하게 하고 싶은 욕구가 이해하고 싶은 욕구보다 우선하면 위험이 고개를 든다. 모쪼록 이 책이 이해에 대한 독자의 욕구를 자극했기를, 믿고 싶은 것 이상으로 보고 싶고 알고 싶은 갈망을 심었기를 바란다. 이 책을 쓰면서 나는 새로운 풍경을 엄밀하고 정확하게 그리려 애썼다. 과학자들의 붓놀림으로 형태를 갖춘 있는 그대로의 인간의 풍경을 말이다. 이 그림은 아직 만들어지는 중이어서 미완성인 부분이 많다. 만약 당신이 상상력을 발휘한다면 우리의 무지라는 백지를 채울 수 있을 것이다. 그렇다면 당신의 상상력이 정체성에 대해 마이크로키메리즘보다 더 많은 것을 말해줄 것이다. 빅토르 위고Victor Hugo는 《레미제라블Les Misérables》에서 우리에게 이렇게 말했다. "각자는 자신의 본성에 따라 미지와 불가능을 꿈꾼다."

이제 당신이 미지를 꿈꿀 차례다. 이후의 이야기를 상상할 차례다.

언젠가 과학은 우리에게 이 꿈이 단지 공상이었다고 말할지도 모른다. 혹은 불가능을 무릅쓰고 새로운 가능성이 나타날지도 모른다.

주석

I 어머니라는 바다에서의 여행

1. V. Mesdag *et al.*, 《Le trophoblaste : chef d'orchestre de la tolérance immunologique maternelle》, *Journal de Gynécologie Obstetrique et Biologie de la Reproduction*, vol. 43, n° 9, p. 657-670, 2014.
2. O. Lapaire et al. (2007)
3. G. Douglas et al. (1959)
4. J. Walknowska et al. (1969)
5. Diana Bianchi *et al.*, 《Male fetal progenitor cells persist in maternal blood for as long as 27 years postpartum》, Proceedings of the National Academy of Sciences of the USA, vol. 93, no 2, p. 705-708, 1996.

II 이방인의 침입

1. Lise Barnéoud, *Immunisés ? Un nouveau regard sur la vaccination*, Premier Parallèle, 2018.
2. J. L. Nelson, 《Maternal-fetal immunology and autoimmune disease. Is some autoimmune disease auto-alloimmune or allo-autoimmune?》, *Arthritis* and *Rheumatology*, vol. 39, no 2, 1996.
3. L. Nelson *et al.*, 《Microchimerism and HLA-compatible relationships of pregnancy in scleroderma》, *The Lancet*, vol. 351, no 9102, p. 559-562, 1998.

4. Aryn Martin, 《"I contain multitudes", chimeras, cells and the materialization of identities》, thèe de doctorat, Cornell University, 2006. Lire aussi Aryn Martin, 《Microchimerism in the Mother(land): Blurring the Borders of Body and Nation》, *Body and Society*, vol. 16, no 3, 2010.
5. Edgardo Carosella et Thomas Pradeu, L'Identite, la part de l'autre. *Immunologie et philosophie*, Odile Jacob, 2010.
6. Marc Daeron, *L'Immunite, la vie. Pour une autre immunologie*, Odile Jacob, 2021.
7. Thomas Pradeu, *L'Immunologie et la definition de l'identite biologique*, thèse de doctorat en philosophie soutenue en 2007.

III 당신은 내 피부 아래에 있어요

1. J. Dausset, 《La deinition biologique du soi》, *in* J. Bernard, M. Bessis et C. Debru (dir.), *Soi et non-soi*, Seuil, 1990.
2. E. D. Carosella *et al.*, 《HLA-G revisited》, *Immunology Today*, vol. 17, no 9, p. 407-409, 1996.
3. S. Aractingi *et al.*, 《Fetal DNA in skin of polymorphic eruptions of pregnancy》, *The Lancet*, vol. 352, no 9144, p. 1898-1901, 1998.
4. C. Artlett *et al.*, 《Identification of fetal DNA and cells in skin lesions from women with systemic sclerosis》, *The New England Journal of Medicine*, vol. 338, no 17, p. 1186-1191, 1998 ; K. L. Johnson et al., 《Fetal Cell Microchimerism in Tissue From Multiple Sites in Women With Systemic Sclerosis》, *Arthritis et Rheumatism*, vol. 44, no 8, 2001.
5. D. Bianchi, 《Fetomaternal Cell Trafficking: A New Cause of Disease?》, *American Journal of Medical Genetics*, vol. 91, no 1, p. 22-28, 2000.
6. S. Aractingi et K. Khosrotehrani, 《Microchimerism: Fears and Hopes》,

Dermatology, vol. 210, no 1, p. 1-2, 2005.

7. A. Tanaka *et al.*, 《Fetal microchimerism alone does not contribute to the induction of primary biliary cirrhosis》, *Hepatology*, vol. 30, no 4, p. 833-838, 1999.
8. B. Srivatsa *et al.*, 《Microchimerism of presumed fetal origin in thyroid specimens from women: a case-control study》, *The Lancet*, vol. 358, no 9298, p. 2034-2038, 2001.
9. K. L. Johnson *et al.*, 《Significant Fetal Cell Microchimerism in a Nontransfused Woman With Hepatitis C: Evidence of Long-Term Survival and Expansion》, *Hepatology*, vol. 36, no 5, p. 1295-1297, 2002.
10. K. Khosrotehrani et D. Bianchi, 《Multi-lineage potential of fetal cells in maternal tissue: a legacy in reverse》, *Journal of Cell Science*, vol. 118, no 8, p. 1559-1563, 2005.
11. K. Khosrotehrani *et al.*, Transfer of Fetal Cells With Multilineage Potential to Maternal Tissue, *JAMA*, vol 292, no 1, 2004.
12. Aryn Martin, 《"I contain multitudes", chimeras, cells and the materialization of identities》, *op. cit.*
13. https://prolifeaction.org/2011/vickithorn

Ⅳ 미래로의 회귀

1. Aryn Martin et Kelly Holloway, 《"Something there is that doesn't love a wall": Histories of the placental Barrier》, *Studies in History and Philosophy of Biological and Biomedical Sciences*, vol. 47, partie B, p. 300-310, 2013.
2. R. Desai et W. Creger, 《Maternofetal passage of leukocytes and platelets in man》, *Blood*, vol. 21, no 6, p. 665-673, 1963.
3. J.-I. Kadowaki *et al.*, 《XX/XY lymphoid chimerism in congenital immunological

deficiency syndrome with thymic alymphoplasia》, The Lancet, vol. 286, no 7423, p. 1152-1155, 1965.

4. M. Pollack *et al*., 《DR-positive maternal engrafted T cells in a severe combined immunodeficiency patient without graft-versus-host disease》, *Transplantation*, vol. 30, no 5, p. 331-334, 1980 ; M. S. Pollack *et al*., 《Identification by HLA typing of intrauterine derived maternal T cells in four patients with severe combined immunodeficiency》, *The New England Journal of Medicine*, vol. 307, no 11, p. 662-666, 1982.
5. S. Osada et al.; A Case of Infantile Acute Monocytic Leukemia Caused by Vertical Transmission of the Mother's Leukemic Cells; Cancer, 65(5):1146-9, 1990; E. Catlin et al.; Transplacental transmission of natural-killer-cell lymphoma; N Engl J Med, 341(2):85-91, 1999
6. T. Petit et al.; A highly sensitive polymerase chain reaction method reveals the ubiquitous presence of maternal cells in human umbilical cord blood; Exp Hematol, 23(14):1601-5, 1995
7. S. Maloney et al.; Microchimerism of maternal origin persists into adult life, J Clin Invest;104(1):41-7, 1999
8. A.M. Stevens et al.; Myocardial-tissue-specific phenotype of maternal microchimerism in neonatal lupus congenital heart block; Lancet; 362: 1617-23; 2003
9. L. Nelson et al.; Maternal microchimerism in peripheral blood in type 1 diabetes and pancreatic islet cell microchimerism; PNAS; vol. 104, no. 5, 1637-1642, 2007

V 자기 안의 타자

1. R. D. Owen, 《Immunogenetic Consequences of vascular anastomoses between

bovine twins》, Science, vol. 102, no 2651, p. 400, 1945.

2. Ray Owen *et al.*, 《Evidence for actively acquired tolerance to Rh antigens》, *PNAS*, vol. 40, no 6, p. 420-424, 1954.

3. Aryn Martin, 《"Incongruous juxtapositions": the chimaera and Mrs McK》, *Endeavour*, vol. 31, no 3, 2007.

4. P. B. Medawar, *The Uniqueness of the Individual*, Routledge, 1957.

5. I. Dunsford et al., 《A Human blood-Group Chimera》, *British Medical Journal*, vol. 2, no 4827, 1953.

6. Aryn Martin, 《"I contain multitudes", chimeras, cells and the materialization of identities》, *op. cit*.

7. K. Madan, 《Natural human chimeras: A review》, *European Journal of Medical Genetics*, 63, 103971, 2020.

8. G. De Moor *et al.*, 《A new case of human chimerism detected after pregnancy: 46, XY karyotype in the lymphocytes of a woman》, *Acta Clinica Belgica*, vol 43, no 3, p. 231-235, 2016.

9. D. Rodriguez-Buritica *et al.*, 《Sex-discordant monochorionic twins with blood and tissue chimerism》, *American Journal of Medical Genetics*, vol 167, no 4, p. 872-877, 2015.

10. H. Wolinsky, 《A mythical beast》, EMBO reports, vol. 8, no 3, 2007.

11. N. Yu *et al.*, 《Disputed maternity leading to identification of tetragametic chimerism》, *The New England Journal of Medicine*, vol. 346, no 20, p. 1545-1552, 2002.

12. A. C. Petrini et al., 《Early spontaneous multiple fetal pregnancy reduction is associated with adverse perinatal outcomes in in vitro fertilization cycles》, *Women's Health*, vol. 12, no 4, p. 420-426, 2016 ; H. J. Landy et L. G. Keith, 《The

vanishing twin: a review》, *Human Reproduction Update*, vol. 4, no 2, p. 177-183, 1998.

13. National Public Radio, 《Sophisticated DNA Testing Turning Up More Cases of Chimeras, People with Two Sets of DNA》, Morning Edition, 11 aout 2003 ; Aryn Martin, 《The Chimera of Liberal Individualism: How Cells Became Selves in Human Clinical Genetics》, *Osiris*, vol. 22, no 1, 2007.

14. H. Wolinsky, *op. cit*.

15. 《I Gave Birth To My Unborn Twin's Children》, TV Real Families; 2021, https://www.youtube.com/watch?v=FjtJBmLljyE

16. S. M. Gartler *et al*., 《An XX/XY human hermaphrodite resulting from double fertilization》, *PNAS*, vol. 48, no 3, p. 332-335, 1962.

17. V. Malan et al., 《Chimera and other fertilization errors》, *Clinical Genetics*, vol. 70, no 5, p. 363-373, 2006.

18. Kamlesh Madan, 《Natural human chimeras: a review》, *European Journal of Medical Genetics*, vol. 63, no 9, 2020.

19. https://www.youtube.com/watch?v=8ov_1RncUYs; Brian Hanley, 《Dual-Gender Macrochimeric Tissue Discordance is Predicted to be a Significant Cause of Human Homosexuality and Transgenderism》, *Hypotheses in the Life Sciences*, vol. 1, no 3, p. 63-70, 2011.

20. 《She's Her Own Twin》, ABC News, 15 aoû 2006.

21. Margrit Shildrick, 《Visceral Prostheses. Somatechnics and Posthuman Embodiment》, *Bloomsbury Publishing*, 2022 ; Margrit Shildrick, 《Maternal-Fetal Microchimerism and Genetic Origins: Some Socio-legal Implications》, *Science, Technology & Human Values*, vol. 47, no 6, p. 1-22; 2022.

22. K. M. Sheets *et al*., 《A case of chimerism-induced paternity confusion: what ART

practitioners can do to prevent future calamity for families》, *Journal of Assisted Reproduction and Genetics*, 35, p. 345-352, 2018.

23. 〈노나와 딸들〉, 발레리 돈젤리(Valerie Donzelli), 클레망스 마들렌페르드리아(Clemence Madeleine-Perdrillat) 각본, 발레리 돈젤리 연출, 2021년 아르테(Arte)에서 방영.

24. 시즌 4 에피소드 23화.

VI 다른 자기

1. Heather Murphy, 《When a DNA Test Says You're a Younger Man, Who Lives 5,000 Miles Away》, *The New York Times*, 7 décembre 2019.

2. Magrit Shilgrit, *op. cit*.

3. T. Starzl *et al*., 《Cell migration, chimerism, and graft acceptance》, *The Lancet*, vol. 339, no 8809, p. 1579-1582, 1992.

4. T. Starzl *et al*., 《Cell Migration and Chimerism After Whole-organ Transplantation: The Basis of Graft Acceptance》, *Hepatology*, vol. 17, no 6, p. 1127-1152, 1993.

5. F. Quaini *et al*., 《Chimerism of the Transplanted Heart》, *The New* England Journal of Medicine, 346, p. 5-15, 2002.

6. Thomas Starzl, 《"Acceptation" et tolérance des allogreffes : nouveau concept》, 프랑스 국립의학아카데미 회보(Bulletin de l'Academie nationale de medecin), vol. 182, no 1, p. 79-86, 1998.

7. J. M. Puja *et al*., 《Early Hematopoietic Microchimerism Predicts Clinical Outcome After Kidney Transplantation》, *Transplantation*, vol. 84, no 9, p. 1103-1111, 2007.

8. W. J. Burlingham et al., 《Microchimerism linked to cytotoxic T lymphocyte functional unresponsiveness (clonal anergy) in a tolerant renal transplant recipient》, *Transplantation*, vol. 59, no 8, p. 1147-1155, 1995.

9. G. H. Hutter *et al*., 《Blood Transfusion is Associated with Donor Leukocyte

Microchimerism in Trauma Patients》, *The Journal of Trauma.*, vol. 57, no 4, p. 702-708, 2004.

10. D. Bianchi *et al.*, 《Male fetal progenitor cells persist in maternal blood for as long as 27 years postpartum》, *Proceedings of the National Academy of Sciences of the USA*, vol. 93, no 2, p. 705-708, 1996.

11. W. J. Burlingham *et al.*, 《The effect of tolerance to noninherited maternal HLA antigens on the survival of renal transplants from sibling donors》, *The New England Journal of Medicine*, vol. 339, no 23, p. 1657-1664, 1998.

12. S. Aractingi *et al.*, 《Skin Carcinoma Arising From Donor Cells in a Kidney Transplant Recipient》, *Cancer Research*, vol. 65, no 5, p. 1755-1760, 2005.

13. L. Champion *et al.*, 《Metastatic Renal Cell Carcinoma in a Renal Allograft: A Sustained Complete Remission After Stimulated Rejection》, *American Journal of Transplantation*, vol. 17, no 4, p. 1125-1128, 2017.

Ⅶ '우리'라는 것의 총량

1. C. Guettier et al., 《Male cell microchimerism in normal and diseased female livers from fetal life to adulthood》, *Hepatology*, vol. 42, no 1, p. 35-43, 2005.

2. S. R. Kumar et al., 《The health effects of fetal microchimerism can be modeled in companion dogs》, *Chimerism*, vol. 4, no 4, p. 139-141, 2013 ; R. O. Vilmundarson, 《Savior Siblings Might Rescue Fetal Lethality But Not Adult Lymphoma in Irf2bp2-Null Mice》, *Frontiers in Immunology*, vol. 13, 2022.

3. M. P. Dierselhuis *et al.*, 《Transmaternal cell flow leads to antigen-experienced cord blood》, *Blood*, vol. 120, no 3, p. 505-510, 2012.

4. P. Steptoe *et al.*, 《Observations on 767 clinical pregnancies and 500 births, after human in-vitro fertilization》, *Human Reproduction*, vol. 1, no 2, p. 89-94, 1986.

5. K. K. Karlmark et al., 《Grandmaternal cells in cord blood》, *EBioMedicine*, 74, 103721, 2021.

6. A. G. Soerens et al., 《Functional T cells are capable of supernumerary cell division and longevity》, *Nature*, vol. 614, no 7949, p. 762-766. 2023.

7. G. Edgren *et al.*, 《Risk of cancer after blood transfusion from donors with subclinical cancer: a retrospective cohort study》, *The Lancet*, vol. 369, no 9574, p. 1724-1730, 2007.

8. A. C. Muller *et al.*, 《Microchimerism of male origin in a cohort of Danish girls》, *Chimerism*, vol. 6, no 4, p. 65-71, 2015.

9. D. Di Mascio *et al.*, 《Type of paternal sperm exposure before pregnancy and the risk of preeclampsia: A systematic review》, *European Journal of Obstetrics, Gynecology, and Reproductive Biology*, vol. 251, p. 246-253, 2020.

10. S. Robertson *et al.*, 《Seminal fluid and fertility in women》, Fertil Steril, vol. 106, no 3, p. 511-519, 2016.

11. W. F. N. Chan *et al.*, 《Male Microchimerism in the Human Female Brain》, PLoS ONE, vol. 7, no 9, 2012.

12. X. W. Tan *et al.*, 《Fetal microchimerism in the maternal mouse brain: a novel population of fetal progenitor or stem cells able to cross the blood-brain barrier?》, *Stem Cells*, vol. 23, no 10, p. 1443-1452, 2005 ; X. X. Zeng *et al.*, 《Pregnancy-Associated Progenitor Cells Differentiate and Mature into Neurons in the Maternal Brain》, *Stem Cells and Development*, vol. 19, no 12, 2010.

13. S. Schepanski *et al.*, 《Pregnancy-induced maternal microchimerism shapes neurodevelopment and behavior in mice》, *Nature Communications*, vol. 13, no 1, 2022.

VIII 바벨어 해독

1. K. Khosrotehrani *et al.*, Natural history of fetal cell microchimerism during and following murine pregnancy, *Journal of Reproductive Immunology*, vol. 66, no 1, p. 1-12, 2005.

2. S. Nguyen Huu *et al.*, Maternal neoangiogenesis during pregnancy partly derives from fetal endothelial progenitor cells, *Proceedings of the National Academy of Sciences of the USA*, vol. 104, no 6, p. 1871-1876, 2007.

3. M. Castela *et al.*, Ccl2/Ccr2 signalling recruits a distinct fetal microchimeric population that rescues delayed maternal wound healing, *Nature Communications*, 8:15463, 2017.

4. U. Mahmood et K. O'Donoghue, Microchimeric fetal cells play a role in maternal wound healing after pregnancy, Chimerism, vol. 5, no 2, p. 40-52, 2014.

5. R. Kara *et al.*, 《Fetal Cells Traffic to Injured Maternal Myocardium and Undergo Cardiac Differentiation》, *Circulation Research*, vol. 110, no 1, p. 82-93, 2012.

6. Gregory Lim, 《Do fetal cells repair maternal hearts?》, *Nature Reviews Cardiology*, vol. 9, no 67, p. 67, 2012.

7. S. Vadakke-Madathil *et al.*, 《Multipotent fetal-derived Cdx2 cells from placenta regenerate the heart》, *Proceedings of the National Academy of Sciences of the USA*, vol. 116, no 24, p. 11786-11795, 2019.

8. M. Castela *et al.*, *art. cit.*

9. M. Sbeih *et al.*, CCL2 recruits fetal microchimeric cells and dampens maternal brain damage in post-partum mice, *Neurobiology of Disease*, vol. 174, 2022.

10. S. Schepanski *et al.*, *art. cit.*

11. Ina Annelies Stelzer *et al.*, 《Vertically transferred maternal immune cells promote neonatal immunity against early life infections》, *Nature Communications*, vol. 12,

no 1, 2021.

12. 추정에 따르면 생후 6개월 동안 아기들은 엄마의 항체가 지속해서 남아 있는 덕분에 감염으로부터 스스로를 보호할 수 있다. 이 항체는 특정 면역세포에 의해 생성되며, 이전에 마주친 병원균을 인식하고 무력화할 수 있다. 따라서 연구자들은 이러한 수동적 보호 형태가 감소하는 6개월 이후에 집중했다.

13. C. Balle *et al.*, 《Factors influencing maternal microchimerism throughout infancy and its impact on infant T cell immunity》, *The Journal of Clinical Investigation*, vol. 132, no 13, 2022.

14. H. S. Gammill et W. E. Harrington, 《Microchimerism: Defining and Redefining the Prepregnancy Context - A Review》, *Placenta*, vol. 60, p. 130-133, 2017 ; W. E. Harrington *et al.*, 《Maternal Microchimerism Predicts Increased Infection but Decreased Disease due to Plasmodium falciparum During Early Childhood》, *The Journal of Infectious Diseases*, vol. 215, no 9, p. 1445-1451, 2017.

15. T. Petit *et al.*, 《A highly sensitive polymerase chain reaction method reveals the ubiquitous presence of maternal cells in human umbilical cord blood》, *Experimental Hematology*, vol. 23, no 14, p. 1601-1605, 1995.

16. Gérard Socié *et al.*, 《Search for Maternal Cells in Human Umbilical Cord Blood by Polymerase Chain Reaction Amplification of Two Minisatellite Sequences》, *Blood*, vol. 83, no 2, 1994.

17. David C. Linch et Leslie Brent, 《Can cord blood be used?》, *Nature*, vol. 340, 1989.

18. E. Gluckman *et al.*, 《Hematopoietic Reconstitution in a Patient with Fanconi's Anemia by Means of Umbilical-Cord Blood from an HLA-Identical Sibling》, *The New England Journal of Medicine*, vol. 321, no 17, p. 1174-1178, 1989.

19. Jon J. van Rood *et al.*, 《Indirect evidence that maternal microchimerism in cord

blood mediates a graft-versus-leukemia effect in cord blood transplantation》, *Proceedings of the National Academy of Sciences of the USA*, vol. 109, no 7, 2012 ; Sami B. Kanaan *et al*., 《Cord Blood Maternal Microchimerism Following Unrelated Cord Blood Transplantation》, *Bone Marrow Transplant*, vol. 56, no 5, 2021.

IX 포스의 어두운 면

1. S. Nguyen Huu *et al*., 《Fetal microchimeric cells participate in tumour angiogenesis in melanomas occurring during pregnancy》, *The American Journal of Pathology*, vol. 174, no 2, p. 630-637, 2009.
2. L. M de Bellefon *et al*., 《Cells from a vanished twin as a source of microchimerism 40 years later》, *Chimerism*, vol. 1, no 2, p. 56-60, 2010.
3. P. J. Christner et al., 《Increased numbers of microchimeric cells of fetal origin are associated with dermal fibrosis in mice following injection of vinyl chloride》, *Arthritis & Rheumatology*, vol. 43, no 11, 2000.
4. A. Vogelgesang et al., 《Cigarette Smoke Exposure during Pregnancy Alters Fetomaternal Cell Trafficking Leading to Retention of Microchimeric Cells in the Maternal Lung》, *PLoS One*, vol. 9, no 5, 2014.
5. C. Balle et al., art. cit.
6. J. M. Rak et al., 《Transfer of the Shared Epitope Through Microchimerism in Women With Rheumatoid Arthritis》, *Arthritis & Rheumatology*, vol. 60, no 1, p. 73-80, 2009 ; Z. Yan et al., 《Acquisition of the rheumatoid arthritis HLA shared epitope through microchimerism》, *Arthritis & Rheumatology*, vol. 63, no 3, p. 640-644, 2011.
7. N. Schupf *et al*., 《Specificity of the fivefold increase in AD in mothers of adults with Down syndrome》, *Neurology*, vol. 57, no 6, p. 979-984, 2001.

8. Lee Nelson et Nathalie Lambert, 《Forward and reverse inheritance - the yin and the yang》, *Nature Reviews Rheumatology*, vol. 13, p. 396-397, 2017.

9. *Ibid*.

10. B. Demirbek et O. Demirhan, 《Microchimerism may be the cause of psychiatric disorders》, *Archives of Psychiatry and Mental Health*, vol. 3, p. 42-46, 2019 ; O. Demirhan *et al*., 《Effect of fetal microchimeric cells on the development of postnatal depression》, *Medical and Clinical Archives*, vol. 3, p. 1-6, 2019.

11. X. X. Zeng *et al*., 《Pregnancy-associated progenitor cells differentiate and mature into neurons in the maternal brain》, *Stem Cells and Development*, vol. 19, no 12, p. 1819-1830, 2010 ; A. M. Boddy et al., 《Fetal microchimerism and maternal health: A review and evolutionary analysis of cooperation and conflict beyond the womb, *BioEssays*, vol. 37, no 10, p. 1106-1118, 2015.

X 좀비와 명주원숭이

1. S. E. Geller et al., 《A global view of severe maternal morbidity: moving beyond maternal mortality》, *Reproductive Health*, vol. 15, article no 98, 2018.

2. A. Boddy *et al*., *art. cit*.

3. E. Dhimolea *et al*., 《High male chimerism in the female breast shows quantitative links with cancer》, *International Journal of Cancer*, vol. 133, no 4, p. 835-834, 2003 ; V. K. Gadi, 《Fetal microchimerism in breast from women with and without breast cancer》, Breast Cancer Research and Treatment, vol. 121, no 1, p. 241-244, 2010.

4. S. Wang *et al*., 《Plasticity of the response of fetal mouse fibroblast to lactation hormones》, Cell Biology International, vol. 27, no 9, p. 755-760, 2003.

5. W. F. N. Chan *et al*., *art. cit*.

6. X. X. Zeng *et al.*, *art. cit.*

7. B. Comitre-Mariano *et al.*, 《Feto-maternal microchimerism: Memories from pregnancy》, *iScience*, vol. 25, no 1, 2022.

8. M. Kamper-Jørgensen *et al.*, 《Male microchimerism and survival among women》, *International Journal of Epidemiology*, vol. 43, no 1, p. 168-173, 2014.

9. M. Kamper-Jørgensen *et al.*, 《Opposite effects of microchimerism on breast and colon cancer》, *European Journal of Cancer*, vol. 48, no 14, p. 2227-2235, 2012 ; S. Hallu *et al.*, 《Male origin microchimerism and ovarian cancer》, *International Journal of Epidemiology*, vol. 50, no 1, p. 87-94, 2021 ; M. Kamper-Jørgensen *et al.*, Male origin microchimerism and brain cancer: a case-cohort study》, *Journal of Cancer Research and Clinical Oncology*, 2022.

10. Keelin O'Donoghue, 《Fetal microchimerism and maternal health during and after pregnancy》, *Obstetric Medicine*, vol. 1, no 2, p. 56-64, 2008.

11. C. Ross et al., 《Germ-line chimerism and paternal care in marmosets *(Callithrix kuhlii)*》, PNAS, vol. 104, no 15, p. 6278-6282, 2007.

12. S. Gould et R. Lewontin, The spandrels of San Marco and the Panglossian paradigm: a critique of the adaptationist programme, Proceedings of the Royal Society of London, series B, vol. 205, no 1161, p. 581-598, 1979.

13. Éric Bapteste, *Tous entrelacés ! Des gènes aux super-organismes : les réseaux de l'évolution*, Belin, 2018, 특히 참조.

맺음말

1. Margrit Shildrick, 《(Micro)chimerism, Immunity and Temporality: Rethinking the Ecology of Life and Death》, *Australian Feminist Studies*, vol. 34, no 99, p. 10-24, 2019.

2. S. Gilbert *et al.*, 《A symbiotic view of life: we have never been individuals》, *The Quarterly Review of Biology*, vol. 87, no 4, 2012, 특히 참조.

3. R. Esposito, *Immunitas. Protection et negation de la vie*, Seuil, 2021.

4. Thomas Pradeu, *Les Limites du soi. Immunologie et identite biologique*, Les Presses de l'Universite de Montreal, 2009.

5. Edgardo Carosella et Thomas Pradeu, *L'Identite, la part de l'autre. Immunologie et philosophie*, Odile Jacob, 2010.

6. http://www.catholicmessenger.net/2019/01/the-eternal-mother-child-connection/

7. Lisa Weasel; Dismantling the Self/Other Dichotomy in Science: Towards a Feminist Model of the Immune System; Hypatia; Vol. 16, No. 1; 2001

8. https://stmarkov.com/news/the-incarnation-and-fetomaternal-microchimerism-check-it-out

9. https://www.templetonprize.org

내 안에서 나를 만드는 타인의 DNA
마이크로키메리즘

1판 1쇄 인쇄 2024년 8월 16일
1판 1쇄 발행 2024년 8월 23일

지은이 리즈 바르네우
옮긴이 유상희
펴낸이 박남주
편집자 박지연·강진홍
디자인 책은우주다
펴낸곳 플루토
출판등록 2014년 9월 11일 제2014-61호
주소 07803 서울특별시 강서구 공항대로 237(마곡동) 에이스타워 마곡 1204호
전화 070-4234-5134
팩스 0303-3441-5134
전자우편 theplutobooker@gmail.com
ISBN 979-11-88569-72-4 03470